DIE SKURRILSTEN FLUGZEUGE DER WELT

Prototypen Konzepte Studien

Patrick Hoeveler

Motor buch Verlag

Einbandgestaltung: schreiberVIS, Seeheim

ISBN: 978-3-613-04630-6

Sie finden uns im Internet unter:
www.motorbuch-verlag.de

1. Auflage 2024

Lektorat: Alexander Burden
Layout, Satz und Prepress: schreiberVIS, Seeheim
Druck und Bindung: DZS GRAFIK d.o.o, 1210 Ljubljana, Slovenia
Printed in Slovenia

Inhaltsverzeichnis

Vorwort

Vom fliegenden Pfannkuchen bis zum Atomreaktor der Lüfte: Die Geschichte der Luftfahrt ist voller Erfolge und Rekorde. Aber für jede Bestleistung gibt es auch mindestens einen kläglichen Misserfolg. Manche Projekte waren dabei durchaus vielversprechend und ihrer Zeit voraus, andere wiederum hatten nicht den Hauch einer Chance. Der damalige Stand der Technik erlaubte oft keine genauen Vorhersagen. Also hieß es oft: Einfach ausprobieren! Auch wenn so mancher Weg in einer Sackgasse endete.

Dieses Buch gibt einen Überblick über die interessantesten und ungewöhnlichsten Konstruktionen von den Kindertagen der Fliegerei bis heute. Sicherlich werden Sie den ein oder anderen Typen vermissen. Aber um Raum für möglichst viele eher unbekanntere Konstruktionen zu schaffen fiel so mancher skurrile, aber doch gängigere Typ weg. Trotzdem entdecken Sie hoffentlich neue Muster und Geschichten. Glücklicherweise endeten nicht alle Exemplare auf dem Schrottplatz, sondern bleiben der Nachwelt erhalten Am Ende findet sich eine Liste mit Museen, in denen man so manches der hier vorgestellten Fluggeräte bestaunen kann. Viel Spaß beim Stöbern!

Abrams P-1 Explorer

USA

Kunterbunt zusammengewürfelt: Die auf Luftbildfotografie spezialisierte Maschine macht den Eindruck, als ob sie aus den Einzelteilen verschiedener Flugzeugmuster besteht.
Funktion über Form, sprich beste Sichtverhältnisse sollte die P-1 Explorer bieten, die Ende der 30er Jahre unter der Leitung von Talbert Abrams entstand. Der Firmenchef von Abrams Air Craft wollte den US-Streitkräften ein für die Luftbildfotografie und Kartierung optimiertes Flugzeug schmackhaft machen. So schuf er ein Muster mit vollverglastem Bug, bei dem alle störenden Elemente wie Tragfläche oder Propeller hinter dem Fotografen angeordnet waren. Die Scheiben aus Plexiglas ließ er extra bei einer ursprünglich aus Deutschland stammenden Firma anfertigen. Der Beginn des Zweiten Weltkriegs sorgte bei dem Projekt nicht wie bei anderen Mustern für Großbestellungen, ganz im Gegenteil: das Militär setzte zur Aufklärung eher auf schnelle, ehemalige Jagdflugzeuge. Da Abrams auch auf dem zivilen Markt keine Verkäufe erzielen konnte blieb die P-1 ein Einzelstück, das er 1948 dem nationalen Luftfahrtmuseum der USA spendete. ◂

Typ	Luftbild-Flugzeug
Erstflug	November 1937
Produktion	ein Exemplar
Verbleib	National Air and Space Museum (eingelagert)
Besatzung	2
Antrieb	ein Wright Whirlwind R-975 mit 272 kW Leistung
Länge	8,3 m
Spannweite	11,7 m
Höhe	1,9 m
Leermasse	1067 kg
Startmasse	1542 kg
Höchstgeschwindigkeit	320 km/h
Reichweite	1900 km

Aerfer Ariete und Sagittario 2

Italien

Als erstes italienisches Flugzeug erreichte die Sagittario II Überschallgeschwindigkeit. Aber selbst eine Weiterentwicklung mit Mischantrieb konnte keine zufriedenstellenden Leistungen erzielen.

Die Ariete steht heute im Museum.

In den 50er Jahren wollte auch Italien ins Jetzeitalter vorstoßen, und so begann das Unternehmen Industrie Meccaniche Meridionali Aeronautiche e Ferroviarie (Aerfer) als Nachfolger des Flugzeugbauers Ambrosini mit der Entwicklung eines strahlgetriebenen Tagjägers. Dabei setzten die Konstrukteure auf die Erfahrungen mit dem aus Holz gebauten Forschungsjet Sagittario aus dem Jahr 1953. Als Antrieb des Nachfolgers wählten die Ingenieure das britische Derwent 9 von Rolls-Royce, das sie im Bug anordneten. Damit erreichte die kleine Ganzmetallkonstruktion sogar Mach 1.1, allerdings nur im leichten Sturzflug. Insgesamt ließen die Flugleistungen aber zu wünschen übrig, so dass die Ingenieure eine Weiterentwicklung mit dem Namen Ariete in Angriff nahmen. Im Wesentlichen modifizierte sie den Rumpf, um im Heck einen zusätzlichen Turbojet unterzubringen. Das kleine Hilfstriebwerk erhielt seine Luftzufuhr durch einen ausfahrbaren Einlauf auf dem Rumpfrücken und sollte beim Start, im Steigflug und im Luftkampf zusätzlichen Schub liefern. Die Erprobung begann im Frühjahr 1958, knapp zwei Jahre nach dem Erstflug der Sagittario II. Aber auch diese Variante konnte nicht überzeugen. Die geplante Leone – mit einem Mischantrieb aus Jet- und Raketenaggregat – blieb auf dem Reißbrett. Die italienischen Luftstreitkräfte verließen sich weiter auf US-Produkte. Aerfer ging später in Alitalia auf. ◂

Sagittario 2 in der Erprobung.

Typ	Jagdflugzeug
(Daten für Ariete in Klammern)	
Erstflug	19. Mai 1956 (27. März 1958)
Produktion	jeweils ein Exemplar
Verbleib	beide im italienischen Luftwaffenmuseum (Vigna di Valle) ausgestellt
Besatzung	1
Antrieb	ein Rolls-Royce Derwent 9 mit 16,01 kN Schub (plus ein Rolls-Royce Soar RSr 2 mit 8,05 kN)
Länge	9,5 m (9,6 m)
Spannweite	7,5 m
Höhe	2,02 m
Leermasse	2300 kg (2400 kg)
Max. Startmasse	3300 kg (3535 kg)
Höchstgeschwindigkeit	1040 km/h (1080 km/h)
Bewaffnung	zwei 30 mm-Kanonen

Die Sagittario 2 blieb hinter den Erwartungen zurück.

Agusta A.101G

Italien

Im Gegensatz zu den folgenden Eigenentwicklungen des traditionsreichen Hubschrauberherstellers entpuppte sich die A.101G als Fehlschlag.

Anfang der 60er Jahre wollte sich Agusta einen Anteil am wachsenden Markt für Transporthubschrauber sichern und begann mit der Entwicklung der dreimotorigen A.101. Bis dato hatte das Unternehmen im Helikopter-Bereich lediglich Muster aus den USA in Lizenz produziert. Markenzeichen des neuen Entwurfs war der ovale Rumpf mit einer Laderampe im Heck. Die Erprobung begann im Herbst 1964, litt aber unter zahlreichen Verzögerungen. Trotzdem hoffte die Firma auf lukrative Aufträge der Streitkräfte Italiens und hatte natürlich auch mögliche Exporte im Blick. Jedoch sollte es bis Anfang der 70er Jahre dauern, bis endlich eine einsatzreife Ausführung fertig war; zu spät, um sich gegen die mittlerweile technisch enteilte Konkurrenz durchzusetzen.

Typ	Transporthubschrauber
Erstflug	19. Oktober 1964
Produktion	ein Exemplar
Verbleib	eingelagert im Museo Agusta (Varese)
Besatzung	2 plus 35 Passagiere oder 5000 kg Nutzlast
Antrieb	drei Rolls-Royce Gnome H.1400 mit je 1044 kW Leistung
Länge	20,19 m
Rotordurchmesser	20,4 m
Höhe	6,56 m
Leermasse	6850 kg
Max. Startmasse	12 900 kg
Höchstgeschwindigkeit	217 km/h
Reichweite	378 km

Antonow An-71

Kaum zu glauben, aber das auf dem An-72-Transporter basierende Frühwarnflugzeug sollte anfangs auch von Flugzeugträgern aus fliegen.

Als Ersatz für das strategische Frühwarnflugzeug Tupolew Tu-126 setzten die sowjetischen Luftstreitkräfte auf die bewährte Iljushin Il-76 als Trägerplattform für die Radaranlage. Aber die ebenfalls wichtigen Bereiche Gefechtsfeldüberwachung und Leitung taktischer Flugzeuge blieben zunächst unbeachtet. Diese Lücke sollte zu Beginn der 80er Jahre ein kleineres Muster füllen. Die Wahl fiel auf die Antonow An-72 mit ihren auf der Tragfläche montierten Triebwerken. Um die von Flugzeugteilen verdeckten Erfassungsflächen auf ein Mindestmaß zu reduzieren setzten die Konstrukteure den Radarteller kurzerhand auf das nun nach vorne gepfeilte Seitenleitwerk. Das Höhenleitwerk legten sie tiefer auf den Übergang zum verkürzten Rumpf und verpassten ihm eine V-Stellung, um eine Beeinflussung durch den Abgasstrahl zu verhindern. Das installierte Vega-M-Kwant-Radar sollte bis zu 120 Ziele bis zu einer Reichweite von 370 Kilometern verfolgen können. Obwohl die Ingenieure den Schub der von der An-72 übernommenen Triebwerke steigerten war die Leistung noch nicht ausreichend. Abhilfe sollte ein zusätzlicher RD-36-Turbojet im Heck schaffen, der eigentlich als Hubtriebwerk im Senkrechtsstarter Jakowlew Jak-38 zum Einsatz kam.

Auch die Marineflieger meldeten für den neuen Flugzeugträger „Admiral Kusnezow" Bedarf für einen Typen zur Luft- und Seeüberwachung an. Da der Carrier nicht über Katapulte, sondern eine Startrampe verfügte, musste der Kandidat über gute Kurzstarteigenschaften verfügen. Erste Studien zeigten jedoch, dass die An-71 ohne erhebliche Änderung nicht dazu geeignet war. Im Endeffekt hätte Antonow ein komplett neues Flugzeug entwickeln müssen. So blieb es bei der Landversion. Anfang Januar 1984 gab die sowjetische Führung den Bau von zwei Prototypen in Auftrag, die relativ zügig die Flugerprobung aufnahmen. Schließlich nutzte Antonow teilweise bestehende Zellen der An-72. Obwohl es sich um Militärflugzeuge handelte bekamen sie zivile Kennungen und den typischen Aeroflot-Anstrich. Der Westen erfuhr die Existenz dieses Typs erstmals über ein Foto, das Parteichef Michail Gorbatschow beim Besuch des Antonow-Werkes im Juni 1985 zeigte. Im Hintergrund lugte das Heck der An-71 fast verräterisch ins Bild. Wenige Tage später, am 12. Juli 1985, startete das neue Frühwarnflugzeug zu seinem Jungfernflug. Der Zusammenbruch der Sowjetunion sorgte jedoch 1990 zur Einstellung des Programms. Zusammen haben die beiden An-71 insgesamt 749 Flüge absolviert und wurden nach dem Ende des Projekts in Kiew eingelagert. ◄

Typ	Frühwarnflugzeug
Erstflug	12. Juli 1985
Produktion	zwei Exemplare
Verbleib	je eines abgestellt in Kiew-Swjatoschyn und im Luftfahrtmuseum Kiew-Schuljany
Besatzung	3 plus 3 Radarbediener
Antrieb	zwei Progress D-436K mit je 73,53 kN Schub plus ein Kolesow RD-36A (28,42 kN)
Länge	23,5 m
Spannweite	31,89 m
Höhe	9,2 m
Leermasse	19 760 kg
Max. Startmasse	32 100 kg
Reisegeschwindigkeit	530 km/h
Einsatzdauer	bis zu fünf Stunden

Armstrong Whitworth Ape

Großbritannien

Das vielleicht erste Testflugzeug mit variabler Geometrie konnte in den 20er Jahren die Erwartungen der Forscher nicht erfüllen.

Im Jahr 1926 kamen die Ingenieure des Royal Aircraft Establishments (RAE) auf die Idee, wichtige aerodynamische Fragen mit Hilfe eines besonderen Flugzeugs klären zu können. Die britische Forschungseinrichtung plante hier nämlich einen variabel verstellbaren Schwerpunkt. Der Auftrag zum Bau ging an Armstrong Whitworth. Das Unternehmen nannte das Fluggerät Ape, womöglich in Anlehnung an zu Tests verwendeten Affen, wer weiß? Auf jeden Fall machte der Doppeldecker mit seinem hohen, für harte Landungen vorgesehenen Fahrwerk einen ungewöhnlichen Eindruck, besonders mit angezogenem Anstellwinkel des Hecks. Diesen konnte der Pilot sogar im Flug verändern. Außerdem ließen sich je nach Bedarf vier weitere Rumpfsegmente einfügen sowie drei verschiedene Größen der Leitwerke einsetzen. Im Herbst 1926 nahm das RAE die Experimente in Farnborough mit der ersten von insgesamt drei gebauten Maschinen auf. Allerdings erwies sich Ape als extrem untermotorisiert, so dass der Enthusiasmus der Wissenschaftler spätestens nach dem Unfall des ersten Exemplars im Mai 1929 stark abkühlte. ◀

Typ	Versuchsflugzeug
Erstflug	5. Januar 1926
Produktion	drei Exemplare
Verbleib	erste Maschine verunglückt, Rest unbekannt
Besatzung	2
Antrieb	ein Armstrong Siddeley Lynx III mit 134 kW Leistung
Länge	8,61 bis 11,66 m
Spannweite	12,19 m
Höhe	3,96 m
Leermasse	919 bis 1166 kg
Max. Startmasse	1225 bis 1474 kg
Höchstgeschwindigkeit	145 km/h

Die zweite Maschine erprobte das Conway-Triebwerk (rechts unter der Tragfläche).

Avro Ashton

Als Verkehrs-Jet hätte die Ashton mit ihrer altbackenen Auslegung keine Chance gegen neue Entwürfe wie die Comet gehabt, daher sollte sie von Anfang an als Versuchsträger fliegen.

Hoch hinaus ging es für den Luftverkehr nach dem Ende des Zweiten Weltkriegs, und zwar im wahrsten Sinne des Wortes. Der neuartige Strahlantrieb sollte auch vor den Airlinern nicht halt machen. Allerdings stellten die damit verbundenen größeren Flughöhen und nötigen Druckkabinen die Ingenieure in den 40er Jahren vor einige Herausforderungen. In Großbritannien suchte das Ministry of Supply nach einem möglichst schnell verfügbaren Flugzeug, um entsprechende Versuche durchzuführen. Die Wahl fiel auf die sich gerade in der Entwicklung befindliche Tudor Mk. 8. Das Propellerflugzeug erhielt vier Nene-Triebwerke von Rolls-Royce in Zweier-Gondeln unter den Tragflächen sowie ein improvisiertes Fahrwerk mit Bug- statt Heckrad. Um den Bau zu beschleunigen griff Avro auf überzählige Rümpfe der Tudor Mk. 2 zurück. Dank des neuen Bedruckungssystems herrschten in der Kabine bei einer Flughöhe von rund 12 000 Metern Bedingungen wie auf 2400 Metern. Das Versorgungsministerium bestellte im November 1948 gleich fünf Exemplare, die später den neuen Namen Ashton erhielten und um ein sechstes Flugzeug ergänzt wurden. Wenige Tage nach dem Erstflug am 1. September 1950 ließ es sich Avro nicht nehmen, die brandneue Maschine auf der Farnborough Air Show vorzufliegen.

Die zweite Maschine folgte ein Jahr später und erhielt eine voll ausgestattete Passagierkabine. Sie diente außerdem der Flugerprobung des Conway-Triebwerks. Auch die weiteren Jets führten verschiedene Versuche durch, etwa mit Radargeräten und elektrischen Systemen in größeren Höhen. Zudem erweisen sie sich als wertvolle Testträger für weitere Antriebsmodelle von Rolls-Royce und flogen teilweise noch bis 1962. Trotz ihrer wichtigen Rolle bei der Entwicklung neuer Systeme der britischen Luftfahrtindustrie blieb kein komplettes Exemplar der Nachwelt erhalten, und die Ashton ist heute fast in Vergessenheit geraten. ◂

Nur ein Vorderrumpf ist erhalten geblieben.

Typ	Versuchsflugzeug
Erstflug	1. September 1950
Produktion	sechs Exemplare
Verbleib	bis auf den Vorderrumpf der zweiten Maschine im Newark Air Museum alle verschrottet
Besatzung	5
Antrieb	vier Rolls-Royce Nene 6 mit je 22 kN Schub
Länge	27,29 m
Spannweite	37 m
Höhe	9,53 m
Leermasse	21 769 kg
Max. Startmasse	37 195 kg
Höchstgeschwindigkeit	707 km/h
Reichweite	2776 km

Avro Canada VZ-9

Kanada

Keine Requisite aus einem Science-Fiction-Film, aber trotzdem eine fliegende Untertasse: Mit einem „Turbo-Rotor" in der Mitte sollte das „Avrocar" Vorreiter für eine neue Generation von Senkrechtstartern werden.

Die kanadische Avro-Tochter arbeitete in den 50er Jahren an einem besonderen Überschalljäger, der senkrecht starten und landen konnte. Um dies zu erreichen sollte der Abgasstrahl der verwendeten Turbojets in einen ringförmigen „Turbo-Rotor" abgelenkt werden, der ein Luftkissen erzeugt und so das Schweben des Gefährts ermöglicht. Die Umsetzung dieses Konzepts erwies sich aber für die kanadischen Behörden als zu kostspielig. Stattdessen fragte Avro Canada beim großen Nachbarn an, und tatsächlich zeigten sowohl US Army als auch US Air Force Interesse an einem solchen Ringflügler. Allerdings suchte das Heer eher einen Transporter, während die Luftwaffe weiterhin eine Überschallversion präferierte. Obwohl diese Anforderungen wohl kaum unter einen Hit zu bekommen waren gingen die Arbeiten weiter, und die Kanadier bauten zwei Testvehikel mit der Bezeichnung VZ-9AV, die aufgrund ihrer Scheibenform eher wie UFOs als wie Flugzeuge aussahen. Jeweils drei J69-Triebwerke, wie sie auch im Jettrainer Cessna T-37 zum Einsatz kamen, sollten den nötigen Schub für den in der Mitte liegenden Bläser erzeugen. Die beiden Besatzungsmitglieder saßen unter seitlichen Plexiglashauben. Avro stellte das erste Exemplar im Mai 1959 im Werk in Malton bei Toronto fertig und schickte es nach ersten, noch gefesselten Schwebeversuchen zum NASA-Windkanal nach Moffett Field in Kalifornien. Hier zeigte sich schnell, dass das Gefährt kaum zu steuern war. Auch bei den freien Flugversuchen mit der zweiten Maschine gab es dasselbe Bild: Kaum in der Luft bewegte sich das „Avrocar" so unkontrolliert als ob es an einem Rodeo teilnähme. Mit einer Höchstgeschwindigkeit von gerade einmal 56 km/h blieb ein wirkliches Fliegen ganz zu schweigen vom Erreichen der Überschallgeschwindigkeit reine Utopie, und so beendeten die USA das Projekt schon im Jahr 1961. ◄

Typ	Senkrechtstart-Versuchsfluggerät
Erstflug	12. November 1959 (Freiflug)
Produktion	zwei Exemplare
Verbleib	National Museum of the United States Air Force, Dayton, und US Army Transportation Museum, Fort Eustis
Besatzung	2
Antrieb	drei Continental J69-T9 mit je 4,12 kN Schub
Durchmesser	5,49 m
Höhe	1,47 m
Leermasse	2093 kg
Höchstgeschwindigkeit	56 km/h

Bartini WWA-14

Sowjetunion

Als die traurigen Überreste der WWA-14 Ende der 80er Jahre zum ersten Mal im berühmten Monino-Museum gesichtet wurden war das Erstaunen in der westlichen Welt recht groß. Erst später kamen Details zur Geschichte des Exponats ans Licht.

So intensiv wie kein anderes Land widmete sich die Sowjetunion der Entwicklung der so genannten Bodeneffekt-Geräte, die sich in geringer Höhe auf ebener Fläche auf einem Luftkissen fortbewegen, natürlich meist auf Wasseroberflächen. Dabei wird die Luft unter dem Rumpf komprimiert und sorgt für einen gewissen Auftrieb. Natürlich muss sich das Gefährt dazu vorher aus dem Wasser heben. Somit sind die Grenzen zwischen Boot und Flugzeug bei diesen „Ekranoplans" fließend. Allerdings lassen sich nur die wenigsten Muster auch als wirkliche Flugzeuge klassifizieren. Das gilt nicht für die von Roberto Bartini entworfene WWA-14. Mitte der 60er Jahre arbeitete der ursprünglich aus Italien stammende Ingenieur an einem senkrechtstartenden Amphibium zur U-Boot-Bekämpfung (Wertikalno-Wsljotnaja Amfibija), eine bis dato einzigartige Idee. Dieses Ziel wollte er mit insgesamt 14 Triebwerken, zwei Turbofans für den Reiseflug und zwölf Hubaggregaten, erreichen. Außerdem sollte die Maschine zur Verlängerung der Reichweite in der Lage sein, den Bodeneffekt zu nutzen. Ein bisschen viel auf einmal, und die Konstruktion dauerte bis ins nächste Jahrzehnt. Der Bau erfolgte bei Beriew, da Bartini nicht über eine eigene Werkstatt verfügte. Weil die Hubtriebwerke noch nicht verfügbar waren begannen im September 1972 zunächst konventionelle Flugversuche mit einem eigens dazu installierten, provisorischen Radfahrwerk, allerdings noch ohne die aufblasbaren Schwimmkörper an den Rumpfseiten. Die Testflüge verliefen recht erfolgreich, aber dann nahm das Schicksal seinen Lauf. Aufgrund weiterer Verzögerungen entschied man sich, komplett auf den Hubantrieb zu verzichten und sich ausschließlich auf den Bodeneffekt zu konzentrieren. Trotz aller Änderungen mit starren Schwimmern und zusätzlichen Triebwerken an den Bugseiten wollte sich die WWA-14 einfach nicht vom Boden lösen. Weitere Probleme sorgten für die Einstellung des Programms Anfang der 80er Jahre. Das Scheitern musste Bartini nicht mehr miterleben; er verstarb im Dezember 1974. ◂

Typ	Bodeneffekt-Flugzeug
Erstflug	14. September 1972
Produktion	zwei Exemplare
Verbleib	die erste Maschine steht im Museum in Monino, die zweite WWA-14 wurde nicht fertiggestellt und später zerstört
Besatzung	3
Antrieb	zwei Solowjow D-30M mit je 64,7 kN Schub
Länge	25,97 m
Spannweite	28,5 m
Höhe	6,79 m
Leermasse	35 400 kg
Max. Startmasse	52 000 kg
Höchstgeschwindigkeit	760 km/h
Reichweite	2450 km
Bewaffnung	verschiedene Minen, Torpedos und Wasserbomben (geplant)

Beljaew DB-LK

Die „Fledermaus" konnte die Hoffnungen ihres Erfinders nicht erfüllen.

Auf der Suche nach der optimalen Auslegung von Flugzeugen verfolgte Konstrukteur Wiktor Beljaew einen ganz eigenen Weg: Er setzte auf schwanzlose Nurflügler und entwarf beim Zentralen Aerodynamischen Institut der UdSSR (TsAGI) mehrere entsprechende Segelflugzeuge bis hin zu einem Transporter mit Doppelrumpf. Höhepunkt seiner Entwicklungstätigkeit war aber die DB-LK. Der Fernbomber erhielt eine Tragfläche, deren Vorderkante um fünf Grad und 42 Minuten nach vorne gepfeilt war. Die Randbögen zeigten aber nach hinten, was dem Flugzeug in der Draufsicht eine Fledermausähnlich Anmutung gab. Die beiden M-87B-Motoren – die ursprünglich vorgesehenen M-88 waren noch nicht einsatzreif – und Kabinen für die Besatzung (Pilot links, Navigator rechts) brachte Beljajew an den Enden des Mittelflügelstückes an. Die Enden dieser Doppelrümpfe waren verglast und boten Platz für je einen Bordschützen. Sie nahmen auch das Hauptfahrwerk und in speziellen in Schächten die Hälfte der Bombenlast auf.

Im Frühjahr 1938 genehmigte die Armee-Führung den Bau einer Maschine in der Flugzeugfabrik Nummer 156 in Moskau. Die Bezeichnung beschrieb den Entwurf recht genau: DB-LK stand für Langstreckenbomber-Fliegende Tragfläche („Dalnij Bombardirowschtschik-Letajuschtscheje Krilo"). Anfang September 1939 war der Prototyp fertig und wurde zur Erprobung auf den Flugplatz Schtscholkowo bei Moskau transportiert. Am 14. November 1939 stieß der Pilot bei Hochgeschwindigkeitsrollversuchen gegen einen von Schnee bedeckten Baustumpf und beschädigte das Flugzeug erheblich. Anfang des nächsten Jahres konnten die Versuche nach der Reparatur in der Fabrik fortgesetzt werden. Zunächst standen kleine Hopser auf dem Programm, zu groß war der Respekt vor der neuartigen Konstruktion. Bei einem solchen Versuch schoss die DB-LK aufgrund einer falschen Klappenstellung fast senkrecht in die Luft. Nur die automatisch ausfahrenden Vorflügel verhinderten einen schweren Unfall. Es blieb bei kleinen Hüpfern, bis das Flugzeug am 8. März 1940 plötzlich ungeplant abhob. Der Pilot drehte zwei Runden und landete wieder sicher. Weitere Flüge zeigten eine ausreichende Stabilität und Steuerbarkeit. Für die staatlichen Abnahmetests kam noch ein verstärktes Fahrwerk zum Einsatz.

Durch die Teilnahme an der Luftparade über dem Roten Platz am 1. Mai 1940 wollte man Josef Stalin persönlich beeindrucken. Doch der von den anderen Flugzeugen beim Start aufgewirbelte Staub verstopfte die Vergaser, und so konnte die DB-LK nur mit Verspätung über das Lenin-Mausoleum fliegen, als Stalin schon längst wieder gegangen war. Aber auch ein pünktlicher Überflug hätte am Schicksal des Bombers wohl kaum etwas geändert: Die offiziellen Tests kamen zu dem Ergebnis, dass weder Zuladung noch Höchstgeschwindigkeit ausreichten. Beljajews Mannschaft schlug zwar einige Änderungen vor, aber im Wesentlichen lief es auf die Konstruktion eines neuen Flugzeugs hinaus. Dafür reichten die Ressourcen nicht aus, und im Jahr 1941 wurde das Projekt aufgegeben. Die DB-LK stand noch in Tschkalowskaja, als sie die Sowjets bei ihrem Rückzug vor den deutschen Truppen in Brand setzen. ◄

Typ	Langstrecken-Bomber
Erstflug	8. März 1940
Produktion	ein Exemplar
Verbleib	zerstört
Besatzung	4
Antrieb	zwei 14-Zylinder-Sternmotoren Mikulin M-87B mit je 723 kW
Länge	9,78 m
Spannweite	21,6 m
Höhe	3,65 m
Leermasse	5996 kg
Max. Startmasse	10 658 kg
Höchstgeschwindigkeit	394 km/h
Reichweite	1270 km
Bewaffnung	Bomben (2000 kg), sechs 7,62 mm-MGs

Bell X-14

USA

Fast 25 Jahre lang flog das zuverlässige Forschungsflugzeug und bot vielen Piloten die Möglichkeit, Erfahrung im Senkrechtflug zu sammeln.

Der Erfinder Thomas Edison soll einmal gesagt haben, dass das Flugzeug erst dann komplett erfunden ist, wenn es keine Landebahnen mehr benötigt. In den 50er und 60er Jahren schienen sich die Konstrukteure auf der ganzen Welt diesem Motto verschrieben zu haben und entwickelten zahllose Senkrechtstart-Projekte. Der Hubschrauber-Gigant Bell aus den USA bildete hier keine Ausnahme und schuf schon 1953 ein erstes Vehikel mit schwenkbaren Jettriebwerken. Aufgrund der positiven Ergebnisse ließ sich die US Air Force zur Finanzierung einer größeren Ausführung überzeugen, und die X-14 war geboren. Der Zweisitzer mit offenem Cockpit erhielt zwei Viper-Antriebe im Bug und wies im Gegensatz zu anderen zeitgenössischen Vorhaben, die auf dem Heck sitzend starten und landen sollten, eine konventionelle Auslegung auf. Die VTOL-Eigenschaften (Vertical Take-off and Landing) erreichten die Ingenieure, indem sie den Abgasstrahl nach untern ablenkten. Die Steuerung im Schwebeflug erfolgte über Düsen an Flügelenden und Rumpfheck, die von Zapfluft aus den Triebwerken gespeist wurden. Um die Kosten niedrig zu halten kamen Flügel und Fahrwerk einer Beech Bonanza und Leitwerke einer Beech T-34 zum Einsatz. So konnte am 19. Februar 1957 – nur 18 Monate nach dem Beginn der Arbeiten – das ungewöhnliche Gefährt in Niagara Falls zu seinem (senkrechten) Jungfernflug abheben. Am 24. Mai 1958 führte die Maschine die erste komplette Transition vom Schwebe- in den Geradeausflug durch. Im folgenden Jahr übernahm die NASA das Programm. Nach dem Wechsel auf das J85-Aggregat von General Electric erhielt die Maschine die Bezeichnung X-14A und diente unter anderem einigen Testpiloten zur Vorbereitung auf die Erprobung anderer Senkrechtstarter wie dem späteren Harrier und sogar dem Training von Neil Armstrong für die Mondlandung. Im Jahr 1971 bekam sie als X-14B stärkere J85-Ausführungen und eine digitale Flugsteuerung. So flog sie noch bis zum 29. Mai 1981, als ein Landeunfall die lange Karriere des Testflugzeugs beendete. ◄

Typ	VTOL-Versuchsflugzeug
Erstflug	19. Februar 1957
Produktion	1
Verbleib	Ropkey Armour and Aviation Museum, Indiana
Besatzung	1
Antrieb	zwei General Electric J85-GE-19 mit je 13,41 kN Schub (X-14B)
Länge	7,92 m
Spannweite	10,3 m
Höhe	2,68 m
Leermasse	1439 kg (X-14B)
Max. Startmasse	1936 kg (X-14B)
Höchstgeschwindigkeit	277 km/h (X-14B)
Reichweite	480 km (X-14B)

USA

Bell X-22A

Als eines der langlebigsten aber auch unbekanntesten Versuchsflugzeuge der berühmten X-Serie lieferte die X-22 wertvolle Erkenntnisse für die Entwicklung von Senkrechtstartern.

Nur selten waren sich die drei Teilstreitkräfte der USA einig, aber am Thema senkrechtstartende Flugzeuge kamen sie nicht vorbei. Anfang der 60er Jahre taten sie sich sogar zu einem gemeinschaftlichen Forschungsprojekt zusammen, um die Verwendungsmöglichkeiten von ummantelten Propellern für VTOL-Konzepte auszuloten (Vertical Take-off and Landing). Den Auftrag zum Bau zweier entsprechender Maschinen mit der Bezeichnung X-22A erhielt schließlich am 30. November 1962 die Firma Bell Aerospace. Hauptmerkmal des Entwurfs waren die vier ummantelten Dreiblatt-Luftschrauben mit einem Durchmesser von 2,13 Metern, deren Gondeln sich um bis zu 95 Grad verstellen ließen. Der Antrieb erfolgte über vier über dem Rumpf vor dem hinteren Stummelflügel angeordnete General Electric YT58. Ein Getriebe verband die Turbinen mit der hinteren Antriebswelle, die wiederum über ein weiteres Getriebe mit der vorderen Welle gekoppelt war. So stellten die Ingenieure den Betrieb aller vier Propellereinheiten bei einem Triebwerksausfall sicher. Die Piloten steuerten das Gefährt mit Hilfe der Verstellung der Luftschrauben und kombinierten Höhen- und Querrudern, die im Luftstrom der Propeller montiert waren. Als besonderer Clou sorgte das von der späteren Calspan Corporation entworfene variable Stabilitätssystem für eine Simulation des Flugverhaltens anderer Senkrechtstart-Muster.

Nach zahlreichen Vorversuchen konnten die Testpiloten Stanley Kakol und Paul Miller am 17. März 1966 in Wheatfield im US-Bundesstaat New York zu einem ersten Schwebeflug abheben. Die Hauptlast der Erprobung entfiel jedoch auf die zweite Maschine, da das erste Exemplar am 8. August 1966 bei der Notlandung nach einem Hydraulikausfall schwer beschädigt wurde. Die Crew musste ihre Schleudersitze nicht benutzen und blieb glücklicherweise unverletzt. Im Januar 1968 nahmen US Air Force, Army und Navy die militärischen Tests auf und kamen zu positiven Ergebnissen, obwohl die Erkenntnisse nicht in konkrete Beschaffungen mündeten. Anschließend erfolgten bis zum Jahr 1984 Erprobungen im Rahmen verschiedener Forschungs- und Entwicklungsprogramme. Die beiden X-22A führten im Lauf ihrer Karriere insgesamt 501 Flüge durch. ◄

Typ	**Versuchsflugzeug**
Erstflug	17. März 1966
Produktion	zwei Exemplare
Verbleib	erste Maschine verunglückt, zweite im Bestand des Niagara Aerospace Museum, New York
Besatzung	2
Antrieb	vier General Electric YT58-GE-8D mit je 933 kW Leistung
Länge	12,06 m
Spannweite	11,96 m
Höhe	5,9 m
Leermasse	6622 kg
Max. Startmasse	8161 kg
Höchstgeschwindigkeit	410 km/h
Reichweite	716 km

Bell XP-77

USA

Fast komplett ohne das kriegswichtige Aluminium sollte der Sperrholzjäger auskommen, der zwar wenig Gewicht auf die Waage brachte, aber schwierig zu bauen war und enttäuschende Leistungen aufwies.

Um für alle Eventualitäten während des Zweiten Weltkriegs abgesichert zu sein wollte die Führung der US Army Air Forces einen leichten Jäger im Arsenal, der auch sich auch bei akutem Rohstoffmangel produzieren lässt. Daher sollte die Maschine zu großen Teilen aus nicht strategisch wichtigen Werkstoffen bestehen und nur eine Abflugmasse von 1100 Kilogramm auf die Waage brachte – leichter als so manches Auto. In erster Linie kam Holz zum Einsatz. Trotz dieses scheinbaren Rückschritts bei den Materialien konnten die Designer bei Bell zumindest das moderne Bugfahrwerk anwenden, wie sie es schon bei der P-39 getan hatten. Als Antrieb sahen sie einen luftgekühlten V-770-Motor von Ranger vor, der dank Turbolader dem mit einer 20 mm-Kanone und zwei 12,7 mm-MGs schwer bewaffneten Mini-Fighter zu ansehnlichen Flugleistungen verhelfen sollte. Doch es kam anders: Mangels Verfügbarkeit musste die XP-77 ohne Lader auskommen, und der befürchtete Materialengpass blieb aus. Stattdessen sorgten Schwierigkeiten bei der Holzverarbeitung für Verzögerungen und Kostensteigerungen. Die USAAF stornierte daraufhin den Auftrag über 25 Exemplare, aber es blieb letztendlich bei der Bestellung von zwei Prototypen. So war die Nachricht vom Erstflug am 1. April 1944 kein April-Scherz, das Leichtgewicht begann tatsächlich mit der Flugerprobung, wenn auch nicht als künftiger Jäger, sondern als Leichtbau-Forschungsobjekt. Die Flugeigenschaften ließen allerdings stark zu wünschen übrig, und die zweite Maschine stürzte am 2. Oktober 1944 ab. ◄

Typ	leichtes Jagdflugzeug
Erstflug	1. April 1944
Produktion	zwei Exemplare
Verbleib	jeweils abgestürzt und verschrottet
Besatzung	1
Antrieb	ein Ranger V-770 mit 388 kW Leistung
Länge	6,97 m
Spannweite	8,38 m
Höhe	2,5 m
Leermasse	1295 kg
Max. Startmasse	1828 kg
Höchstgeschwindigkeit	531 km/h
Reichweite	885 km
Bewaffnung	eine 20 mm-Kanone und zwei 12,7 mm-MGs (geplant)

Bell XV-3

Das erste Kipprotor-Flugzeug der Welt lieferte wertvolle Erkenntnisse und ist der Urahn der heutigen V-22 Osprey.

Auf der Suche nach dem idealen Senkrechtstarter ließen die Bell-Konstrukteure auch die Kombination zwischen Flugzeug und Hubschrauber nicht außer Acht. Die Bemühungen mündeten im Bau von zwei Exemplaren der XV-3. Sie erhielten um 90 Grad schwenkbare Rotoren an den Flügelenden mit einem Durchmesser von je 7,62 Metern. Für deren Antrieb sorgte ein R-985-Sternmotor über ein spezielles Wellen- und Getriebesystem. Der erste Schwebeflug erfolgte am 11. August 1955, aber der ursprüngliche Dreiblatt-Rotor sorgte für Instabilitäten und Vibrationen. Die Probleme sollten schließlich zum Absturz des ersten Prototyps führen, den Testpilot Richard Stansbury nur mit schweren Verletzungen überlebte. Daraufhin modifizierten die Ingenieure das zweite Exemplar mit einem Zwei-Blatt-Rotor, und so konnte das Muster am 18. Dezember 1958 Geschichte schreiben, in dem es die erste Transition eines Kipprotor-Flugzeuges durchführte. Weitere Versuche folgten; die XV-3 führte insgesamt 250 Flüge und 110 komplette Übergänge zwischen Senkrecht- und Horizontalflug durch. Nach einer Beschädigung im NASA-Windkanal endeten die Tests im Juni 1966. Danach musste das historische wertvolle „Convertiplane" rund 40 Jahre warten, bis es nach ausgiebiger Restaurierung den verdienten Platz im Museum gefunden hat. ◄

USA

Typ	VTOL-Versuchsflugzeug
Erstflug	11. August 1955
Produktion	zwei Exemplare
Verbleib	erste Maschine verunglückt, zweite Maschine im National Museum of the United States Air Force, Dayton
Besatzung	1
Antrieb	ein Pratt & Whitney R-985 mit 340 kW Leistung
Länge	9,25 m
Spannweite	9,55 m
Höhe	4,04 m
Leermasse	865 kg
Startmasse	1006 kg
Höchstgeschwindigkeit	296 km/h
Reichweite	410 km

USA

Bell YFM-1 Airacuda

Die erste Eigenentwicklung von Bell wies zahlreiche technische Innovationen auf und legte den Grundstein für den späteren Erfolg der Firma. Ihr militärischer Wert war aber bestenfalls umstritten.

Schon während seiner Zeit als Werksleiter bei der Consolidated Aircraft Company schmiedete Lawrence Bell im Jahr 1934 die Pläne für sein eigenes Flugzeugbau-Unternehmen, da sein Noch-Arbeitgeber das Werk in Buffalo, New York, aufgeben wollte. Ein Jahr später hatte er sein Ziel erreicht: die Bell Aircraft Corporation war gegründet und konnte einen wesentlichen Teil von Personal und Einrichtungen übernehmen. Jetzt fehlten nur noch Flugzeuge, und die Käufer dafür. Sein neuer Chefkonstrukteur Robert Woods dachte schon länger über das Konzept eines schweren, mehrsitzigen Jägers mit zwei der neuen V-1710-Motoren von Allison als Antrieb nach. Die Idee gefiel Larry Bell, und er ging mit den Plänen im Gepäck in die Akquise. Und zwar nicht wie üblich zuerst über das Materialkommando des Army Air Corps, sondern direkt zum Chef des neugeschaffenen Hauptquartiers der Luftwaffenabteilung. Das unkonventionelle Vorgehen hatte Erfolg, und trotz der schlechten Wirtschaftslage schrieb das US-Kriegsministerium im September 1935 den voll-bezahlten Auftrag zur Entwicklung und zum Bau eines experimentellen Prototyps des sogenannten „Multiplace Fighters" aus. Die Hauptbewaffnung sollte aus 20 mm-Kanonen bestehen, zum damaligen Zeitpunkt ein schweres Geschütz. Aber der Bell-Entwurf ging noch weiter und sah das eigentlich als Flak gedachte 37 mm-Kaliber vor. Möglich machte dies die Anordnung der beiden Motoren mit Druckpropellern an der Flügelhinterkante. So fanden die Bewaffnung und ihre Bediener in verglasten Kanzeln als Verlängerungen der Triebwerksgondeln Platz.

Das konkurrierende Lockheed-Modell hatte das Nachsehen, und so bekam der Newcomer am 12. März 1936 den Auftrag für sein erstes Flugzeug. Für den Jungfernflug der nun als XFM-1 bezeichneten Maschine am 1. September 1937 musste sich Bell einen Testpiloten vom Militär ausleihen. Leutnant Benjamin Kelsey konnte sich dabei nicht über Langeweile beklagen: beim Jungfernflug beschädigte eine Fehlzündung einen Turbolader, und beim zweiten Einsatz verriegelte das rechte Hauptfahrwerk nicht. Neben diesen Zwischenfällen stieß dem Air Corps die geringe Höchstgeschwindigkeit auf, die deutlich hinter den Erwartungen zurückblieb. Trotzdem bestellte man zu weiteren Tests 13 Vorserienmaschinen als YFM-1. Deren Erprobung hielt sich aber in Grenzen, bis das Projekt 1941 endgültig abgegeben wurde. ◀

Typ	schweres Jagdflugzeug
Erstflug	1. September 1937
Produktion	eine XFM-1 und 13 YFM-1
Verbleib	eine YFM-1 abgestürzt, Rest verschrottet
Besatzung	5
Antrieb	zwei Allison V-1710-23 mit je 858 kW (YFM-1)
Länge	14 m
Spannweite	21,34 m
Höhe	3,78 m
Leermasse	6194 kg
Max. Startmasse	8607 kg
Höchstgeschwindigkeit	431 km/h
Reichweite	1285 km
Bewaffnung	je zwei 37 mm-Kanonen, 7,62 mm-MGs, 12,7 mm-MGs

Beriew A-40

Sowjetunion

Mit ihrem überraschenden Auftritt auf der Flugschau in Tuschino 1989 sorgte das Jet-Flugboot für viel Aufsehen.

Seit jeher ist das Beriew-Konstruktionsbüro für seine Flugboote bekannt. Als die Sowjetunion in den 80er Jahren nach einem Nachfolger für die betagte Turboprop-Be-12 in der Rolle als U-Boot-Jäger suchte schlugen die Ingenieure ein strahlgetriebenes Muster vor – nichts neues für Beriew, denn schon in den 50er Jahren hatte man mit der R-1 und der daraus entwickelten Be-10 entsprechende Erfahrungen gesammelt. Aufgrund ihrer eingeschränkten Reichweite hielt sich der Erfolg der frühen Jetflugboote allerdings arg in Grenzen. Dies sollte sich nun mit der A-40 ändern, deren hoch über den Flügelwurzeln angeordnete Turbofans bessere Leistungen versprachen. Zusätzlich waren darunter noch Hilfstriebwerke installiert, um die Startstrecke – wenn nötig – zu verkürzen. In der Tat stellte das Muster in seiner Klasse zahlreiche Weltrekorde auf, aber der Zusammenbruch der Sowjetunion beendete alle Hoffnungen auf eine Serienfertigung. Selbst der im Bau befindliche zweite Prototyp blieb zunächst unvollendet. Einige Jahre später zeigte die russische Marine Interesse und ließ die Maschine zeitweise wieder flugfähig machen. ◂

Typ	Flugboot
Erstflug	8. Dezember 1986
Produktion	ein Exemplar
Verbleib	vermutlich in Tangarog (Russland) abgestellt
Besatzung	8
Antrieb	zwei Solowjow D-30KPW mit je 117,7 kN Schub plus zwei Rybinsk RD-36-35 mit je 23 kN
Länge	43,84 m
Spannweite	41,62 m
Höhe	11 m
Leermasse	43 900 kg
Max. Startmasse	86 000 kg
Höchstgeschwindigkeit	800 km/h
Reichweite	4100 km

Großbritannien

Blackburn B.20

Ein ausfahrbarer Unterrumpf sollte künftigen Flugbooten zu einem Leistungssprung verhelfen. Die dazu als Versuchsflugzeug gebaute B.20 stürzte aber nur zwölf Tage nach ihrem Erstflug ab.

Seit jeher litten Flugboote unter dem Problem, dass die Propeller genug Abstand zur Wasseroberfläche haben mussten. Die erforderlichen hohen und voluminösen Bootsrümpfe erwiesen sich aber als aerodynamisch ungünstig. Diese Notwendigkeit wollte Blackburn mit einem Trick umgehen: Bei der B.20 ließ sich der untere Teil des Rumpfes mit Hilfe klappbarer Stangen ausfahren und bildete einen großen Schwimmer. Im Reiseflug ließ er sich einziehen und sollte so ansehnliche Flugleistungen ermöglichen. Für Stabilität auf dem Wasser sorgten ausklappbare Schwimmer an den Flügelenden. Aufgrund von verschiedenen Verzögerungen dauerte der Bau des Einzelstücks rund drei Jahre. Beim Jungfernflug am 26. März 1940 zeigte sich, dass die Idee generell funktionierte. Allerdings hatten die Querruder nicht genug Wirkungskraft, und nur zwölf Tage später stürzte die B.20 ins Meer. Trotz der extrem kurzen Erprobung galt das Prinzip des ausfahrbaren Bootsrumpfs als bewiesen, doch es kam zu keinen weiteren Entwicklungen. Andere Typen hatten zunächst Vorrang, und bald darauf galt das Konzept als überholt. ◂

Typ	Aufklärungsflugboot
Erstflug	26. März 1940
Produktion	ein Exemplar
Verbleib	abgestürzt
Besatzung	5
Antrieb	zwei Rolls-Royce Vulture X mit je 1283 kW Leistung
Länge	21,22 m
Spannweite	25,04 m
Höhe	7,67 m (Schwimmer ausgefahren), 3,56 m (Schwimmer eingefahren)
Max. Startmasse	15 876 kg
Höchstgeschwindigkeit	492 km/h
Reichweite	2414 km

Blackburn R.1 Blackburn

Als Beobachtungsflugzeug musste die Blackburn keine Geschwindigkeitsrekorde brechen. Optik und aerodynamische Raffinesse blieben zwar auf der Strecke, aber dafür erreichte die R.1 recht hohe Stückzahlen.

Kein Schreibfehler, aber vielleicht etwas unglücklich: Blackburn benannte die R.1 nach der Stadt in Lancashire, die denselben Namen wie der Hersteller trägt. Der einmotorige Doppeldecker entstand

Typ	Beobachtungsflugzeug
Erstflug	1922
Produktion	62 Exemplare
Verbleib	keine Maschine mehr erhalten
Besatzung	3–4
Antrieb	ein Napier Lion IIB mit 336 kW
Länge	11,02 m
Spannweite	13,88 m
Höhe	3,81 m
Leermasse	1780 kg
Max. Startmasse	2701 kg
Höchstgeschwindigkeit	196 km/h
Max. Einsatzdauer	4,5 Stunden
Bewaffnung	ein Vickers MG an der linken Rumpfseite und ein nach hinten feuerndes Lewis-MG

aufgrund einer Spezifikation für ein trägergestütztes Aufklärungs- und Feuerleitflugzeug für Geschütze am Boden. Die Tragflächen ließen sich anklappen, um Platz auf dem Flugzeugträger zu sparen. Der Pilot saß in einem offenen Cockpit vor der oberen Flügelkante, um beim Anflug auf den Carrier eine gute Sicht zu haben. Die Kabine hinter dem Motor bot Platz für den Funker und den Navigator sowie wenn nötig ein viertes Besatzungsmitglied. Bullaugen an den Seiten erlaubten ihnen eine Sicht nach draußen. Die ersten Erprobungsreihen auf der HMS Argus begannen bereits im August 1922, kurz nach dem Erstflug, dessen genaues Datum nicht mehr bekannt ist. Allerdings mussten die Ingenieure noch einige Probleme bei Treibstoffversorgung und Fahrwerk bei den drei Prototypen in den Griff bekommen, bis die ersten von 30 Serienexemplaren ab April 1923 an den Fleet Air Arm der Royal Navy gehen konnten. Der ersten Serie folgte die Blackburn Mk II mit einigen Verbesserungen (29 Stück) sowie einige zu Trainern umgerüstete Maschinen und Schwimmerflugzeuge. Im Einsatz erwies sich die R.1 besser als ihre unelegante Erscheinung vermuten lassen würde. Sie flog noch bis 1931. ◄

Blackburn T.B.

Der Name kommt nicht von ungefähr: Die „Twin Blackburn" (T.B.) bestand im Wesentlichen aus zwei über die Tragflächen miteinander verbundenen Einzelrümpfen.

Zu Beginn des Ersten Weltkriegs suchte die britische Marine ein Flugzeug zur Bekämpfung der gegnerischen Zeppeline. Das neue Muster sollte in der Lage sein, nachts lange Strecken über See zurückzulegen. Um die notwendige Reichweite und Sicherheit zu erreichen, kombinierte Blackburn zwei Einzelrümpfe mit einer Doppeldecker-Tragfläche und einem gemeinsamen Leitwerk sowie zwei Schwimmern. Die Royal Navy bestellte acht Exemplare zur Erprobung. Das erste davon konnte Blackburn im August 1915 fertigstellen. Die anschließenden Versuche offenbarten eine sehr instabile Verbindung der beiden Rümpfe und die problematische Kommunikation der Piloten – sie erfolgte lediglich per Handzeichen. Hinzu kam, dass sich die Motoren für die gewünschte Mission als zu schwach erwiesen, so dass die Zwillings-Blackburns nur wenig zum Einsatz kamen und bald auf dem Schrott endeten. Weiteres Kuriosum: Ihre Bewaffnung bestand nicht etwa aus Maschinengewehren oder Ähnlichem, sondern aus Stahlpfeilen, welche die Zeppeline in Brand setzen sollten. ◄

Typ	Schwimmer-Flugzeug zur Zeppelin-Bekämpfung
Erstflug	August 1915
Produktion	acht Exemplare
Verbleib	alle verschrottet
Besatzung	2
Antrieb	zwei Gnome et Rhône Monosoupape mit je 75 kW
Länge	11,13 m
Spannweite	18,44 m
Höhe	4,11 m
Leermasse	1046 kg
Startmasse	1586 kg
Höchstgeschwindigkeit	138 km/h
Max. Einsatzdauer	vier Stunden
Bewaffnung	32 kg Stahlpfeile

Blériot 125

Louis Blériot ist für seine Eindecker aus der Pionierzeit der Luftfahrt bekannt. Sein späteres Unternehmen entwickelte aber auch andere Muster wie diesen kuriosen Airliner für zwölf Passagiere.

Einfache Rechnung: Zwei Kabinen, doppelte Nutzlast. So wollte der aus Österreich stammende Ingenieur Leon Kirste bei Blériot Aéronautique Ende der 20er Jahre ein Verkehrsflugzeug mit überschaubaren Ausmaßen schaffen, das trotzdem in der Lage war, zwölf Passagiere zu befördern. Die Fluggäste brachte er in zwei getrennten Rumpfbehältern unter der Tragfläche an, die jeweils in einen Heckausleger mündeten und so das Leitwerk mit seinen insgesamt vier Seitenrudern trugen. In den geräumigen Kabinen – sie verfügten über ein Volumen von je 14 Kubikmetern – gab es auch jeweils eine Toilette und ein Gepäckabteil sowie große Panoramafenster. Das Cockpit und die Motorgondel mit einer Zug- und einer Druckluftschraube für die Zwölf-Zylinder-Motoren waren auf dem Flügelmittelstück angeordnet. Das Fahrwerk bestand aus je zwei Rädern in Tandemanordnung unter den Rumpfgondeln und versprach so einen möglichst geringen Luftwiderstand. Im Gegensatz zu anderen Mustern zu dieser Zeit bestand die Konstruktion fast ausschließlich aus Holz. Auch eine Variante als Wasserflugzeug befand sich in Planung.

Im März 1930 waren die Arbeiten in der Fabrik in Suresnes nordwestlich von Paris fast abgeschlossen, und Ende 1930 war das Flugzeug der Star auf der zwölften Pariser Luftfahrtausstellung. Viele Besucher fragten sich, ob sich die ungewöhnliche Flugmaschine allen Ernstes in die Luft bewegen könnte. Allen Zweiflern zum Trotz konnte Charles Quatremare in Bouyet schließlich im Frühjahr 1931 zum Jungfernflug der Blériot 125 starten. Schwierigkeiten wie die unzureichende Kühlung der Motoren – beide Antriebe teilten sich nur einen Kühler – und die schlechte Sicht aus dem Cockpit ließen sich noch relativ einfach in den Griff bekommen. Aber die weitere Erprobung offenbarte nur sehr mäßige Flugeigenschaften. Das Flugzeug blieb unter anderem von starken Vibrationen geplagt. Finanzielle Probleme und die zwischenzeitliche Schließung der Fabrik machten die Situation nicht einfacher. In der Hoffnung auf einen staatlichen Auftrag versuchten die Konstrukteure noch knapp zwei Jahre, die Probleme zu lösen, aber der Entwurf war einfach zu gewagt, und der Konkurrenz mittlerweile deutlich unterlegen. Bis zum Spätsommer 1933 absolvierte die Blériot 125 im Erprobungszentrum Villacoublay noch einige Flüge. Aber die erhoffte Zulassung blieb ihr versagt, und 1934 endete sie auf dem Schrottplatz. Zwei Jahre später ging das Unternehmen im Rahmen der Verstaatlichung der französischen Luftfahrtindustrie in der Société Nationale des Constructions Aéronautiques du Sud-Ouest (SNCASO) auf. ◄

Typ	Verkehrsflugzeug
Erstflug	9. März 1931
Produktion	ein Exemplar
Verbleib	verschrottet
Besatzung	zwei Piloten plus Navigator und zwölf Passagiere
Antrieb	zwei Hispano-Suiza 12Hbr mit je 410 kW Leistung
Länge	13,83 m
Spannweite	29,4 m
Höhe	4 m
Leermasse	4400 kg
Startmasse	7260 kg
Höchstgeschwindigkeit	220 km/h
Reichweite	1000 km

Blériot-SPAD 33

Frankreich

Trotz des voluminösen Bullaugen-Rumpfs und Doppel-Cockpits zeigte der frühe Airliner die Gene der Doppeldecker-Jäger aus dem Hause SPAD.

Nach dem Ersten Weltkrieg verlegte sich Flugpionier Louis Blériot mit seinem Unternehmen, das zwischenzeitlich die SPAD-Jagdfliegerschmiede übernommen hatte, auf Verkehrsflugzeuge, und das mit wechselhaftem Ausgang. Zu den größeren Erfolgen zählte der Doppeldecker Blériot-SPAD 33, der in seiner mit Bullaugen ausgestatteten Kabine Platz für vier Passagiere bot. Ein weiterer Fluggast konnte in einem der beiden nebeneinander angeordneten Cockpits die frische Luft genießen. Das in 41 Serien-Exemplaren gebaute Muster kam unter anderem auf der Strecke London-Paris zum Einsatz und flog bei einigen französischen und belgischen Fluglinien. ◄

Typ	Verkehrsflugzeug
Erstflug	12. Dezember 1920
Produktion	41 Serienmaschinen
Verbleib	keine Maschine mehr erhalten
Besatzung	1 plus 4-5 Passagiere
Antrieb	ein Salmson CM.9 mit 191 kW Leistung
Länge	9,08 m
Spannweite	11,66 m
Höhe	3,3 m
Leermasse	1050 kg
Startmasse	2062 kg
Höchstgeschwindigkeit	180 km/h
Reichweite	1062 km

Ha 141 V2

Blohm & Voss Ha 141

Deutschland

Mit seiner asymmetrischen Auslegung schien der Aufklärer für viele Zeitgenossen nicht wirklich flugfähig zu sein, bewies aber das Gegenteil.

Auf die Forderung nach einem neuen Aufklärungsflugzeug entstand bei Blohm & Voss (damals noch unter den Namen Hamburger Flugzeugbau) unter der Leitung von Chefkonstrukteur Richard Vogt ein radikaler Entwurf, der bestmögliche Sichtverhältnisse bieten sollte. Die Ha 141 besaß eine asymmetrische Auslegung, das heißt der etwas nach links versetzte Rumpf beinhaltete nur den Motor und das Triebwerk. Das Cockpit fand in einem eigenen Segment rechts davon Platz und ermöglichte so den Blick zu allen Seiten. Der Erstflug des später in Bv 141 umbenannten Musters am 25. Februar 1938 wischte alle Bedenken über die potenziell schlechten Flugeigenschaften weg. Blohm & Voss erhielt einen Auftrag zum Bau zwei weiterer Exemplare, die im Gegensatz zur ersten Version eine vollverglaste Kabine statt der abgestuften Ausführung erhielten. Nach fünf weiteren Vorserienflugzeugen stellte man die Produktion auf die verbesserte Bv 141 B um. Der Großauftrag des Reichsluftfahrtministeriums ging jedoch trotzdem an die Fw 189 von Focke-Wulf. ◄

Ha 141 A V4

Ha 141 V2

Typ	Aufklärungsflugzeug
Erstflug	25. Februar 1938
Produktion	26 Exemplare
Verbleib	kein Flugzeug mehr erhalten
Besatzung	3
Antrieb	ein BMW 801 A mit 1147 kW Leistung (Bv 141 B)
Länge	13,95 m
Spannweite	17,46 m
Höhe	3,6 m
Leermasse	4700 kg
Max. Startmasse	6100 kg
Höchstgeschwindigkeit	438 km/h
Reichweite	1900 km
Bewaffnung	vier MGs zur Selbstverteidigung

Boeing Monomail

USA

Obwohl nur zwei Exemplare entstanden gilt die Monomail als ein Wegbereiter des modernen Flugzeugbaus.

Im Jahr 1930 machte sich Boeing auf, um den zivilen Luftverkehr komplett umzukrempeln. Mit der Monomail ging ein Flugzeug an den Start, das gleich drei bedeutende Innovationen miteinder kombinierte: eine Auslegung als freitragender Eindecker, ein einziehbares Fahrwerk und einen Metallrumpf in Halbschalenbauweise. Das als Postflugzeug konzipierte Model 200 besaß hinter dem Neun-Zylinder-Sternmotor einen Frachtraum, während sich hier beim Model 221 eine Kabine für sechs Passagiere fand. Beide Flugzeuge erhielten später einen um 69 Zentimeter verlängerten Rumpf mit einem Abteil für acht Fluggäste und flogen als Model 221A für United Air Lines. Obwohl die Monomail ihr volles Geschwindigkeitspotenzial aufgrund des Fehlens eines Verstellpropellers nicht erreichen konnte lieferte sie wertvolle Erkenntnisse für die folgenden Boeing-Entwürfe – sowohl auf zivilem als auch militärischem Gebiet. ◀

Model 200

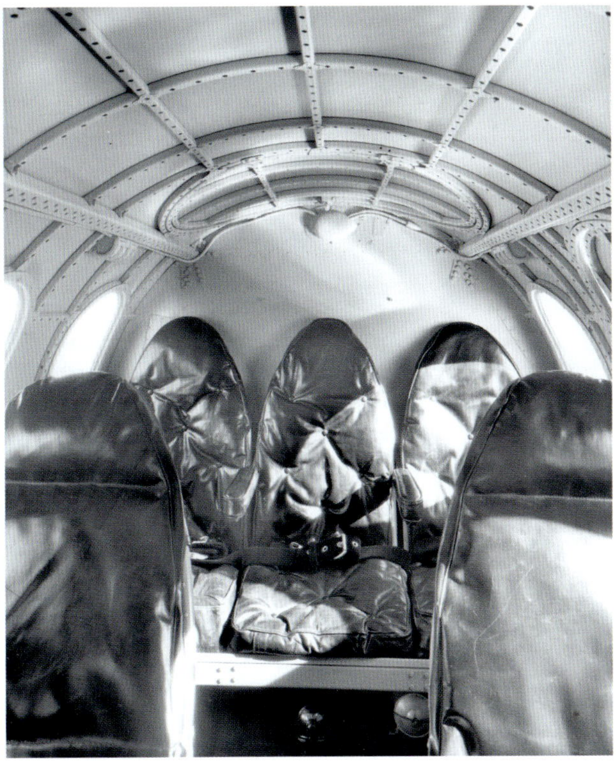

Model 221

Typ	Verkehrsflugzeug
Erstflug	6. Mai 1930
Produktion	zwei Exemplare
Verbleib	beide im Jahr 1935 verunglückt
Besatzung	1 plus bis zu acht Passagiere
Antrieb	ein Pratt & Whitney Hornet B mit 429 kW Leistung
Länge	12,75 m
Spannweite	18 m
Höhe	3,81 m
Leermasse	2260 kg
Startmasse	3624 kg
Höchstgeschwindigkeit	254 km/h
Reichweite	925 km

USA

Boeing QSRA

Statt seiner zwei Turboprops bekam der Buffalo-Transporter vier Turbofans und eine leicht gepfeilte Tragfläche verpasst. Nicht etwa, um schneller zu fliegen, sondern so langsam wie möglich …

In den 70er Jahren sahen viele Experten im Luftverkehr die zunehmende Nutzung von Innenstadt-Flughäfen voraus. Dazu mussten die künftigen Flugzeuge leiser und langsamer werden, zumindest für Start und Landung. Aus diesem Grund rief die NASA ein entsprechendes Forschungsprogramm ins Leben: das QSRA-Projekt (Quiet Short-haul Research Aircraft). Um die neuen Transportflugzeuge mit noch kürzeren Start- und Landestrecken auszustatten sollte der Abgasstrahl der Triebwerke die Oberseite der Klappen anblasen und für mehr Auftrieb sorgen. So wollten die Ingenieure den Coanda-Effekt ausnutzen, der besagt, dass der Gasstrom an der gekrümmten Flügelfläche anliegend bleibt und sich weitgehend verlustfrei über die die Wölbung des Flügels fortsetzende Klappen ablenken lässt. Damit sorgt er für eine Beschleunigung der Strömung und höheren Auftrieb. Zusätzlich sollte die Beeinflussung der Grenzschicht an der Tragflächenvorderkanten und den Querrudern Strömungsabrisse bei höheren Anstellwinkeln verhindern. Das System wurde im Inneren der Triebwerksgondeln mit Zapfluft gespeist. Ursprünglich plante die NASA, den Auftrag an Gulfstream und Boeing zu vergeben, und sah den Umbau eines Business Jets vom Typ Gulfstream II als Schulterdecker mit vier Triebwerken unter der Tragfläche und einen zu einem T-Leitwerk umfunktionierten Heck einer Boeing 737 vor. Im Endeffekt lief es auf eine deutlich einfachere und günstigere Lösung hinaus, da passenderweise eine de Havilland Canada C-8 Buffalo praktisch umsonst zur Verfügung stand.

Vier in Gondeln auf der neu gestalteten Tragfläche montierte YF-102 Triebwerke von Lycoming sollten die nötige Luftzufuhr liefern. Um Geldmittel zu sparen, wurden kurzerhand die im Erdkampfflugzeug Northrop YA-9 zum Einsatz gekommenen Aggregate verwendet (sie hatte gegen die A-10 verloren). Der Flügel selbst war superkritisch ausgelegt und sollte maximalen Auftrieb erzeugen. Der Erstflug am 6. Juli 1978 vom Boeing Field in Seattle aus begann holprig mit unkontrollierten Rollbewegungen nach dem Abheben. Erst als die Besatzung das System zur Verbesserung der Längsstabilität abschaltete verlief der Einsatz reibungslos. Verursacher war der fehlerhafte Einbau eines Kreisels.

Die weitere Erprobung beim Ames Research Center der NASA im kalifornischen Moffett Field verlief erfolgreich. Das Flugzeug demonstrierte unter anderem einen Anflugleitwinkel von 7,5 Grad, eine minimale Fluggeschwindigkeit von 93 km/h und eine Landestrecke von 168 Metern. Sogar Tests auf dem Flugzeugträger USS Kitty Hawk fanden statt. Das Konzept ging jedoch nicht in Serie. ◂

Typ	**Versuchsflugzeug**
Erstflug	6. Juli 1978
Produktion	1 Exemplar
Verbleib	eingelagert (Moffet Field, Ende 2023 verkauft)
Besatzung	2 Piloten
Antrieb	vier Lycoming YF102 mit je 33,36 kN Schub
Länge	28,42 m
Spannweite	22,4 m
Höhe	7,06 m
Startmasse	22 650 kg
Höchstgeschwindigkeit	296 km/h

P.111

P.120

Boulton-Paul P.111

Der kleine Delta-Flitzer lieferte den britischen Ingenieuren zahlreiche Daten über den Einsatz dreieckig geformter Tragflächen.

Um die grundlegenden Eigenschaften des Deltaflügels zu ergründen gab das britische Luftfahrtministerium die Entwicklung der P.111 in Auftrag. Da als Antrieb nur ein recht schwaches Nene-Triebwerk von Rolls-Royce zur Verfügung stand sollte die Maschine so klein wie möglich sein, um trotzdem ansehnliche Flugleistungen bieten zu können. Sie erhielt eine deltaförmige Tragfläche mit einer um 45 Grad nach hinten gepfeilten Vorderkante. Das spitz zulaufende Seitenleitwerk war ebenfalls dreieckig. Die im Herbst 1950 begonnene Erprobung zeigte die Notwendigkeit einiger Änderungen bei Flugsteuerung und Fahrwerk. Die Reparaturpause nach einer Bruchlandung im August 1952 nutzen die Ingenieure, um weitere Modifikationen durchzuführen. Mit neuer Bezeichnung P.111A startete der Jet am 2. Juli 1953 zu seinem zweiten Jungfernflug. Die recht erfolgreichen Flugtests endeten erst im Juni 1958. Dabei hatten die Briten mit der P.120 noch ein zweites Eisen im Feuer, welche den Rumpf und den Antrieb der P.111 mit leicht modifizierter Tragfläche und neuen Leitwerken kombinierte. Allerdings war dem Jet keine so lange Karriere vergönnt wie seinem Schwestermodell. Nach nur elf Flugstunden stürzte das Muster am 28. August 1952 ab, Testpilot Ben Gunn konnte sich mit dem Schleudersitz retten. Die P.120 sollte das letzte gebaute Produkt in der Geschichte von Boulton-Paul bleiben. ◂

P.111A im Museum

Typ	Forschungsflugzeug (P.120 in Klammern)
Erstflug	10. Oktober 1950 (6. August 1952)
Produktion	je ein Exemplar
Verbleib	Midland Air Museum, Coventry (abgestürzt)
Besatzung	1
Antrieb	ein Rolls-Royce Nene 3 RN.2 mit 22,69 kN Schub
Länge	7,95 m (9,03 m)
Spannweite	7,82 m ohne Staurohr (10,2 m)
Höhe	3,8 m (2,91 m)
Leermasse	3405 kg (4833 kg)
Max. Startmasse	4628 kg (5706 kg)
Höchstgeschwindigkeit	Mach 0.93

Breguet 940 und 941

Trotz teils spektakulärer Demonstrationen konnte Breguet für seinen Kurzstart-Transporter keine Kunden finden.

Mit zunehmenden Kenntnissen aus verschiedenen Senkrechtstartprogrammen realisierten Techniker im Lauf der 50er Jahre vielerorts, dass entsprechende Transporter nur schwer zu realisieren sind. Trotzdem blieben ihnen die langen Start- und Landestrecken ein Dorn im Auge, und die Ingenieure legten ihr Augenmerk auf Verbesserungen in diesem Bereich; der Begriff STOL für Short Take-off and Landing war immer öfter zu hören. So machten sich auch die Konstrukteure bei Breguet an die Arbeit und verfolgten die Idee von Firmengründer Louis Breguet, den Luftstrahl der Propeller über die Landeklappen abzulenken und so zusätzlichen Auftrieb zu erzeugen. Nach verschiedenen Modellversuchen nahm schließlich die Breguet 940 im Mai 1958 die Erprobung auf und lieferte vielversprechende Resultate, so dass die französische Regierung im Februar 1960 eine größere Variante in Auftrag gab, die Breguet 941. Ganz ohne komplizierte Technik ging es hier jedoch nicht: Um eine synchrone Drehzahl der Propeller zu gewährleisten waren sie durch eine flexible Welle in der Tragfläche vor dem Flügelholmkasten verbunden. Die Vorführungen auf der Luftfahrtmesse in Le Bourget beeindruckten nicht nur das Publikum, auch die McDonnell Aircraft Corporation war begeistert und ging sogar eine Partnerschaft mit Breguet ein. Daraufhin machte sich die Breguet 941 zu einer umfangreichen USA-Tournee auf. Zahlreiche weitere Demonstrationen folgten, welche die von Breguet angegebenen Werte – bei der Landung aus 15 Meter Höhe bis zum Stillstand eine Strecke von 185 Meter sowie ei-

Die Breguet 940 führte zu zwei größeren Ausführungen.

Die Breguet 941 S erhielt einen verlängerten Rumpf.

Auch auf unbefestigten Pisten zeigte die Breguet 941 ihr Können.

ne Startstrecke von 155 Metern – eindrucksvoll unter Beweis stellten. Frankreich autorisierte schließlich den Bau von vier Exemplaren der Breguet 941 S mit einem verlängerten Rumpf. Eine davon brach im Sommer 1968 erneut zu einer US-Tour auf. Obwohl sämtliche Muster in hunderten von spektakulären Kurzlandungen ihr Leistungsvermögen demonstrierten kam es zu keinen Aufträgen auf zivilem Gebiet. Womöglich waren die hohen Wartungskosten sowie die nicht eingetretene Entstehung von STOL-Flugplätzen in Ballungszentren dafür verantwortlich. Die Maschinen kamen nun in den Dienst der Armée de l'Air, wo sie teilweise bis 1974 flogen. Aber auch hier gab es keine Folgeaufträge. ◄

Typ	STOL-Transporter
Erstflug	Breguet 940: 21. Mai 1958, Breguet 941: 1. Juni 1961, Breguet 941 S: 19. April 1967
Produktion	je eine Breguet 940 und 941, sowie vier Breguet 941 S
Verbleib	je eine 941 S ist in Le Bourget (eingelagert) und Toulouse (Ailes Anciennes) erhalten geblieben
Besatzung	2 plus bis zu 57 Passagiere (941 S)
Antrieb	Breguet 940 vier Turbomeca Turmo II mit je 298 kW Leistung, Breguet 940 vier Turmo IIID mit 914 kW, Breguet 941 S vier Turmo IIID3 mit 1081 kW
Daten für 941 S	
Länge	23,75 m
Spannweite	23,4 m
Höhe	9,65 m
Leermasse	13 120 kg
Max. Startmasse	26 500 kg
Höchstgeschwindigkeit	450 km/h
Reichweite	800 km (mit voller Nutzlast)

Bristol Brabazon

Großbritannien

Selbst nach heutigen Maßstäben ist die Brabazon ein Riese. Ihre Spannweite war größer als die der modernen Boeing 747-8.

Das Urteil des britischen Versorgungsministeriums im Juli 1953 war eindeutig: „Weder zivile Fluggesellschaften noch die Streitkräfte können irgendeinen wirtschaftlichen Nutzen dafür sehen". Die Rede war von der Bristol Brabazon, die kurioserweise aufgrund der von den Politikern selbst erstellten Spezifikationen entstanden war. Noch während des Zweiten Weltkriegs wollten die Briten eine führende Rolle in der Zivilluftfahrt nach dem Ende des Krieges sicherstellen und riefen dazu ein eigenes Komitee unter Führung des späteren Lord Brabazon ins Leben. Im Jahr 1943 postulierte das Gremium die Entwicklung eines Airliners, der bei jeden Wetter London und New York ohne Zwischenlandung miteinander verbinden konnte. Damit stellte der Riese die Konstrukteure vor so manche Herausforderung, angefangen bei Antrieb. Mangels entsprechend starker Motoren mussten sie zum Erreichen der nötigen Leistung die Anzahl der Aggregate erhöhen, was wiederum negative Auswirkungen auf den Luftwiderstand hatte. So kamen sie auf die Lösung, acht Centaurus-Sternmotoren jeweils in Paare zu koppeln und mit gegenläufigen Luftschrauben versehen in der Tragfläche unterzubringen. Diese Anordnung sorgte für ein elegantes Erscheinungsbild des mit einer Druckkabine ausgestatteten Musters. Nur war vieles eine Nummer größer als bei anderen Typen und stellte besondere Anforderungen an die Struktur, die natürlich auch nicht zu schwer geraten durfte. Für den Bau des Giganten musste Bristol in Filton extra

Jeweils zwei schräg eingebaute Motoren teilten sich einen Doppelpropeller.

eine neue Halle und eine neue Startbahn bauen, der sogar ein Teil des benachbarten Dorfes weichen musste. Der Erstflug am 4. September 1949 verlief so reibungslos, dass der Riese in bester britischer Tradition nur vier Tage später auf der Luftfahrtschau in Farnborough im Flug zu sehen war. Während der folgenden Erprobung kam es jedoch zu Ermüdungsrissen im Bereich der Propeller-Befestigungen, die umfangreiche Strukturänderungen nötig gemacht hätten. Aus wirtschaftlichen Gründen ließ die Regierung den Bau der mit Proteus-Turboprops ausgestatteten zweiten Maschine im Februar 1952 „temporär" stoppen. Er sollte nie wieder aufgenommen werden. Stattdessen zogen die Politiker die Notbremse und beendeten das Prestigeprojekt ebenso unrühmlich wie beim Riesenflugboot Saro Princess. Die Zukunft gehörte einfach den Strahlflugzeugen. Die Halle in Filton steht immer noch und beherbergt heute Airbus-Jets. ◄

Typ	Verkehrsflugzeug
Erstflug	4. September 1949
Produktion	zwei Exemplare (nur eines fertiggestellt)
Verbleib	verschrottet
Besatzung	6 – 12 plus maximal 100 Passagiere
Antrieb	acht Bristol Centaurus 57 mit je 1976 kW Leistung
Länge	53,95 m
Spannweite	70,10 m
Höhe	12,24 m
Leermasse	65 816 kg
Nutzlast	46 402 kg
Max. Startmasse	131 540 kg
Höchstgeschwindigkeit	583 km/h
Reichweite	8850 km

Bristol 188

Großbritannien

Das schnellste Flugzeug seiner Zeit sollte die zu großen Teilen aus Edelstahl bestehende Bristol 188 werden. Sie schaffte aber nur eine Geschwindigkeit von Mach 1.88.

Im Mai 1953 bewarben sich gleich zehn Entwürfe der führenden britischen Flugzeughersteller um den Auftrag zur Entwicklung eines Forschungsflugzeuges, das mit Mach 2 in bis dato unerreichte Geschwindigkeitsbereich vorstoßen sollte. Im Gegensatz zu den aus der Luft abgeworfenen Raketenflugzeugen der USA planten die Briten ein Modell mit luftatmenden Triebwerken, das aus eigener Kraft starten konnte. Dementsprechend groß waren die zu meisternden Herausforderungen, abgesehen von den sowieso schon schwierigen Bereichen Struktur und Aerodynamik. Der Zuschlag ging schließlich an Bristol mit dem Typ 188, der sogar die Kürzungen des berüchtigten Weißbuchs zur Verteidigung von 1957 überlebte, dem praktisch alle geplanten Überschallprojekte zum Opfer fielen. Dennoch machte dies die Suche nach einem geeigneten Triebwerk nicht leichter. Schließlich entschlossen sich die Konstrukteure zur Verwendung von zwei de Havilland Gyron Junior, die sie in langen, fast dem Rumpfdurchmesser entsprechenden Verkleidungen an der ungepfeilten Tragfläche unterbrachten. Große Teile der Zelle bestanden aus Edelstahl, um den Temperaturen bei hohen Geschwindigkeiten standzuhalten. Probleme mit den Triebwerken sowie deren enormer Treibstoffverbrauch verhinderten jedoch das Erreichen der angepeilten Marke von Mach 2, so dass das Programm rund anderthalb Jahre nach dem Erstflug eingestellt wurde. Die beiden Forschungsjets landeten als Ziele auf einem Schießplatz. Glücklicherweise fand wenigstens die zweite Maschine einen Platz im Museum. ◂

Typ	Forschungsflugzeug
Erstflug	14. April 1962
Produktion	zwei Exemplare plus eine statische Testzelle
Verbleib	verschrottet, Royal Air Force Museum Cosford
Besatzung	1
Antrieb	zwei de Havilland Gyron Junior PS 50/DGJ 10R mit je 44,48 kN Schub (62,28 kN mit Nachbrenner)
Länge	23,67 m
Spannweite	10,69 m
Höhe	3,65 m
Höchstgeschwindigkeit	Mach 1.88

British Aerospace Nimrod AEW

Der Nimrod-Seeaufklärer galt schon nicht gerade als Schönheit, aber mit der Frühwarnversion schoss British Aerospace den Vogel ab.

In den 70er Jahren wuchs die Bedeutung von Frühwarnflugzeugen immens, AWACS (Airborne Early Warning and Control System) wurde zu einem der prägenden Begriffe in der Militärluftfahrt zu dieser Zeit. Auch Großbritannien erkannte die Wichtigkeit dieses Sektors und wollte gegen die mächtige Konkurrenz aus den USA – allen voran Boeing mit der E-3 – ein eigenes Produkt auf die Beine stellen. Dabei setzen die Briten auf den Nimrod-Seeaufklärer als Basis, der ein komplexes Radarsystem von GEC-Marconi beherbergte. Die zwei jeweils 1,80 Meter großen Parabolantennen fanden in knollenförmigen Verkleidungen in Bug und Heck Platz. Sie sollten im Gegensatz zur pilzförmigen Verkleidung auf dem Rumpfrücken der E-3 weniger Luftwiderstand aufweisen und eine bessere Abdeckung bieten, da sich keine Komponenten der Flugzeugzelle im Weg der Radarstrahlen befanden. Im April 1977 bestellte die Royal Air Force (RAF) elf Exemplare des nun als Nimrod AEW Mk.3 bezeichneten Flugzeugs als Ersatz für die veraltete Avro Shackleton. Sie entstanden aus ungenutzten Zellen der Nimrod MR Mk.1. Als die erste umgerüstete Maschine zu ihrem Jungfernflug startete war der Hersteller noch zuversichtlich, die ersten Serienexemplare Anfang 1982 ausliefern zu können. Doch die Entwicklung und die Integration der Systeme erwies sich als wesentlich schwieriger als gedacht, und die beiden Hauptauftragnehmer British Aerospace und GEC-Marconi schoben sich wie in einem Ping-Pong-Spiel gegenseitig die Schuld zu. Obwohl das System eigentlich nicht funktionierte rüstete man alle georderten Nimrods um und übergab sie an die RAF, die sie aber bald für immer abstellte. Genervt von den Verzögerungen führte das Verteidigungsministerium eine Überprüfung des Programms durch und startete in Folge davon eine erneute Ausschreibung, bei der im Dezember 1986 dann doch die Boeing E-3 gewann. Als die AEW-Nimrods auf den Schrott wanderten hatte der Staat fast eine Milliarde Pfund in das vermeintliche Prestigeprojekt versenkt. Sehr zur Freude vieler Luftfahrtenthusiasten mussten die Propeller-getriebenen Shackletons noch bis zum Eintreffen der E-3 Sentry im Jahr 1991 durchhalten. ◄

Typ	Frühwarnflugzeug
Erstflug	16. Juli 1980
Produktion	elf Maschinen aus Seeaufklärern umgerüstet
Verbleib	alle verschrottet, nur wenige Rumpfteile sind erhalten geblieben
Besatzung	bis zu 12
Antrieb	vier Rolls-Royce RB.168-200 mit je 54 kN Schub
Länge	41,97 m
Spannweite	35,08 m
Höhe	10,67 m
Leermasse	39 009 kg
Max. Startmasse	85 185 kg
Höchstgeschwindigkeit	563 km/h
Einsatzdauer	zehn Stunden

Budd RB-1 Conestoga

Als erstes Flugzeug überhaupt bestand die Conestoga aus rostfreiem Stahl. Da der befürchtete Aluminium-Mangel während des Zweiten Weltkriegs nicht eintrat währte ihre Karriere nur kurz.

Irgendwie erinnert der Bug der RB-1 an das Discovery-Raumschiff aus dem Kinoklassiker „2001: Odyssee im Weltraum“. In der Tat betrat das Muster Neuland: Während des Zweiten Weltkriegs fürchtete das US-Militär einen Mangel an Aluminium, dem bevorzugten Material für den Flugzeugbau. Um die Rohstoffversorgung zu entlasten suchte man daher nach einem Transportflugzeug in der Klasse der Douglas C-47, das weitestgehend ohne Aluminium auskommen sollte. Schließlich erhielt die Edward G. Budd Manufacturing Company aus Philadelphia den Zuschlag für die Lieferung von 200 Maschinen für die US Navy und US Army Air Forces. Das Unternehmen hatte viel Erfahrung mit der Verarbeitung von Stahl, und so entstand im Jahr 1942 mit der RB-1 das erste Flugzeug, das komplett aus Punkt-geschweißtem, rostfreien Stahl bestand.

Typ	Transportflugzeug
Erstflug	31. Oktober 1943
Produktion	17 Exemplare
Verbleib	ein Exemplar im Pima Air & Space Museum in Tucson, Arizona; Rest verschrottet
Besatzung	3
Antrieb	zwei Pratt & Whitney R-1830-92 mit je 783 kW Leistung
Länge	20,73 m
Spannweite	30,48 m
Höhe	9,42 m
Leermasse	9425 kg
Max. Startmasse	15 354 kg
Höchstgeschwindigkeit	307 km/h
Reichweite	2478 km
Nutzlast	6235 kg

Der Erstflug erfolgte am 31. Oktober 1943. Die zweite RB-1 ging am 11. März 1944 zur Erprobung an die US Navy, verunglückte aber schon einen Monat später in Patuxent River. Die Produktion lief zwar zunächst weiter, aber in Dienst ging der Transporter nicht: Der befürchtete Mangel an Aluminium trat nicht ein, und die Douglas C-47 war in großen Stückzahlen verfügbar. Außerdem gab es Zweifel, ob Stahl ein geeignetes Material für ein Flugzeug war, und so stellte das US-Militär das Programm ein. Zu diesem Zeitpunkt hatte Budd bereits 17 der bestellten 26 Maschinen ausgeliefert. Die Flying Tiger Airline kaufte sie schließlich und setzte sie rund drei Jahre als Frachter ein. Danach fanden einige Exemplare den Weg nach Lateinamerika. Heute existiert nur noch ein Exemplar im Pima Air and Space Museum (Foto oben). ◀

Burnelli CBY-3 Loadmaster

Einen Rumpf als Flügel: Diese Idee verfolgte Vincent Burnelli sein Leben lang, aber es sollte nur zu exotischen Einzelstücken reichen.

Auf der Suche nach effizienten Flugmaschinen verfolgten die Konstrukteure gerade in der Anfangszeit der Luftfahrt verschiedene Wege. Ein besonders ungewöhnlicher Ansatz bestimmte das Schaffen von Vincent Burnelli: Der wie ein Flügel geformte Rumpf sollte die Hälfte des Auftriebs erzeugen und so unter anderem kleinere Tragflächen ermöglichen. Sein erstes Werk in dieser Richtung war ein Doppeldecker in den 20er Jahren. Der Rumpf mit seiner gleichbleibenden Breite hatte im Wesentlichen die Form eines Tragflächenprofils. In den geraden Seiten waren Fenster für die bis zu 32 Passagiere eingelassen. Die beiden Motoren saßen nebeneinander an der Front; direkt dahinter befand sich das offene Cockpit. Diesem Konzept blieb Burnelli auch bei seinen folgenden Entwürfen treu, die jedoch fast alle Einzelstücke bleiben sollten. Nur ein einziger Vertreter seiner eigenwilligen Flugzeuge hat bis heute überlebt: Die CBY-3 war zugleich sein letztes gebautes Muster. Die Loadmaster genannte Maschine entstand nach Ende des Zweiten Weltkriegs bei einer Tochterfirma der Canadian Car & Foundry Company in Montreal. Der wieder einem Flügelprofil nachempfundene Rumpf bot Platz für 22 Passagiere und Frachtgüter sowie drei Besatzungsmitglieder. Die großen Frachttüren an den Seiten ermöglichten den Transport von bis zu sechs Meter langen Gütern. Der Antrieb bestand aus zwei Sternmotoren Pratt & Whitney R-1830. Hinter dem Rumpf ordnete Burnelli zwei Heckausleger zur Befestigung der Leitwerke an. Am 17. August 1945 startete die CBY-3 vom Cartierville Airport bei Montreal zu ihrem Erstflug. Trotz zahlreicher Vorführungen ließen sich keine Kunden finden, und Burnelli verkaufte die Rechte an ein US-Unternehmen, um sich auf andere Projekte zu konzentrieren, die auf dem Reißbrett blieben. Auch eine geplante Polarexpedition, für die der Exot zum Transport von 41 Schlittenhunden und 20 Forschern umgerüstet wurde, kam nicht zu Stande. Der Ingenieur verstarb am 22. Juni 1964. Die Loadmaster flog bis in die 60er Jahre für verschiedene Betreiber unter anderem in Venezuela. Burnellis Witwe ist es zu verdanken, dass der Transporter noch existiert: Als Andenken an ihren Mann wollte sie das Flugzeug der Nachwelt erhalten und vermittelte es dem New England Air Museum in Windsor Locks, Connecticut, wo die CBY-3 bis heute zu sehen ist. Nach Jahrzehnten unter freiem Himmel (Foto links) begann schließlich 2014 die Restaurierung. ◂

Typ	Transportflugzeug
Erstflug	17. August 1945
Produktion	ein Exemplar
Verbleib	New England Air Museum, Connecticut
Besatzung	3 plus bis zu 22 Passagiere
Antrieb	zwei Pratt & Whitney R-1830 mit je 895 kW Leistung
Länge	16,61 m
Spannweite	26 m
Höhe	4,06 m
Leermasse	7620 kg
Max. Startmasse	12 247 kg
Höchstgeschwindigkeit	256 km/h
Reichweite	1900 km

Campini-Caproni C.C.2

Ein Kolbenmotor diente als Antrieb von Europas zweitem Strahlflugzeug, das als erstes Fluggerät überhaupt über einen Nachbrenner verfügte. Die Flugleistungen waren aber enttäuschend.

Die Geschichte von Italiens erstem Jet begann auf dem Wasser: Secondo Campini war von der Idee fasziniert, mit der mechanischen Verdichtung von Luft einen Rückstoß zu erzeugen. Der Ingenieur meldete im Januar 1931 ein entsprechendes Patent an und baute noch im gleichen Jahr ein derart angetriebenes Boot. Ein Kolbenmotor sorgte für die Verdichtung der angesaugten Luft, die sich durch die Erwärmung ausdehnte und durch seitliche Düsen ausströmte. Auf diese Weise erreichte das Gefährt eine Geschwindigkeit von knapp 52 km/h. Der in Bologna geborene Techniker wollte aber im wahrsten Sinne des Wortes hoch hinaus und präsentierte sein Konzept auch dem italienischem Luftfahrtministerium. Den Kernpunkt des „Motorjet" genannten Designs stellte ein zylindrischer Rumpf mit einem großen Lufteinlauf vorne und einer Schubdüse am hinteren Ende dar. Dazwischen sorgte ein Kolbenmotor mit mehreren, hintereinander im Rumpfinneren angeordneten Luftschrauben für die Verdichtung der Luft. In der Tat konnte er die Beamten mit an Bord holen und bekam am 5. Februar 1934 einen Auftrag über den Bau eines Testrumpfs sowie zweier Prototypen. Da sich seine Erfahrung im Flugzeugbau in Grenzen hielt tat er sich mit Gianni Caproni und dessen Firma in Taliedo bei Mailand zusammen. Zusammen entwarfen sie eine zweisitzige Maschine in Ganzmetallbauweise, die dank des großen Lufteinlaufs im Bug und des offensichtlichen Fehlens eines Propellers ganz anders aussah als alles bisher Dagewesene.

Die Erprobung des Testrumpfs brachte allerdings ernüchternde Ergebnisse zutage, so dass die Designer wieder ans Zeichenbrett mussten. Die nun als C.C.2 bezeichnete Maschine bekam nun einen stärkeren Asso-L121-Motor sowie einen dreistufigen Verdichter – bestehend aus drei Rotoren mit je zwölf Schaufeln und dazwischen angeordneten, starren Leitschaufeln. Die Abgase des Motors erhitzten die verdichtete Luft, die unter der Pilotenkabine hinweg zur Schubdüse strömte. Hier veränderte ein hydraulisch verstellbarer Kegel den Querschnitt der Düse und sorgte so für eine Schubregelung. Um den recht überschaubaren Vortrieb zu erhöhen setzen Campini und Caproni auf ein weiteres neues System: sie installierten mehrere Brenner um die Abgasöffnung herum. Diese spritzten Treibstoff in den heißen Strahl, der sich entzündete und so für mehr Schub sorg-

te – der Nachbrenner war geboren. Doch die zahlreichen Änderungen ließen nicht nur die Masse rasant ansteigen, auch die Kosten explodierten, und der Zeitplan war schon lange nicht mehr zu halten. Trotzdem gewährte die Regierung immer wieder Geld und Zeit, wohl auch in der Hoffnung des zu erwartenden Erfolgs in der Außenwahrnehmung. Trotz aller Probleme sollten die Bemühungen von Erfolg gekrönt sein: am 27. August 1940 hob der berühmte Pilot Mario di Bernardi in Mailand-Linate mit dem zweiten Prototyp zum zehnminütigen Jungfernflug ab. Italien feierte den ersten Jet der Welt – noch nicht wissend, dass in aller Stille schon genau ein Jahr zuvor eine gewisse Heinkel He 178 Geschichte geschrieben hatte. Ihren Propaganda-Zweck hatte die C.C.2 erfüllt, aber in technischer Hinsicht bleib sie eine Enttäuschung. Der Kolbenmotor konnte einfach nicht genug Leistung beziehungsweise Schub erzeugen. Im August 1942 war endgültig Schluss. ◄

Typ	Forschungsflugzeug
Erstflug	27. August 1940
Produktion	zwei Exemplare
Verbleib	erste Maschine zerstört, zweites Flugzeug im italienischen Luftwaffenmuseum (Vigna di Valle), Testrumpf im Industriemuseum von Mailand
Besatzung	2
Antrieb	„Motorjet“ bestehend aus einem Isotta Fraschini Asso L121 RC40 (Leistung 662 kW) mit Verdichter; erzeugter Schub 7,4 kN ohne Nachbrenner
Länge	13 m
Spannweite	14,63 m
Höhe	4,72 m
Leermasse	3640 kg
Startmasse	4410 kg
Höchstgeschwindigkeit	292 km/h

Italien

Caproni Ca.60

Mit dem Gedanken an ein Verkehrsflugzeug für 100 Passagiere mit einer Ozean-überspannenden Reichweite war Gianni Caproni nicht nur der Zeit, sondern leider auch dem damaligen Stand der Technik voraus.

In der Pionierzeit der Fliegerei scheint der Gedanke geherrscht zu haben, dass man mit steigender Größe auch mehr Tragflächen benötigt. Ein Highlight war hier die Ca.60 mit ihren insgesamt neun Flügeln, die eher einem Schiff ähnelte, das sich auf einen Flugzeugfriedhof mit übereinander gestapelten Flugzeugteilen verirrt hatte. Mit 750 Quadratmetern übertraf die Flügelfläche sogar die der späteren Boeing 747 um fast ein Drittel. Dabei stammte der Entwurf nicht etwa von einem Fantasten, sondern von Gianni Caproni, der im Ersten Weltkrieg schon einige sehr erfolgreiche Bomber geschaffen hatte. Für das Kriegsende sah er einen steigenden Bedarf für Verkehrsflugzeuge voraus, den er mit einer ganz neuen Klasse decken wollte. Aus Sicherheitsgründen wählte er eine Auslegung als Wasserflugzeug, da sich seiner Meinung nach im Notfall einfacher einen Landeplatz finden ließe, und verwendete acht Motoren. Die Triebwerke ordnete er jeweils tandemartig mit Zug- und Druckpropeller an. Je zwei dieser Paare befanden an der vorderen und der hinteren Tragfläche. Die geräumige Kabine mit ihren großen Panoramafenstern bot Platz für sage und schreibe 100 Passagiere. Am Lago Maggiore nahm der Gigant schließlich im Jahr 1920 Form an und begann am 9. Februar 1921 mit ersten Tests im Wasser. Allen Unkenrufen zum Trotz sollte die auch Transaero genannte Maschine später wirklich zu einem kurzen Flug abheben. Das genaue Datum ist jedoch nicht gesichert. Am 4. März 1921 erfolgte jedenfalls ein zweiter Versuch. Beim Beschleunigen neigte sich aber der Bug plötzlich nach oben, das Fluggerät geriet außer Kontrolle und schlug auf dem Wasser auf. Möglicherweise waren die zum Simulieren von Passagieren geladenen und nicht fixierten Sandsäcke nach hinten verrutscht und hatten so den Schwerpunkt verändert. Die Ca.60 erwies sich als wirtschaftlicher Totalschaden. ◀

Typ	Verkehrsflugzeug
Erstflug	Februar oder März 1921
Produktion	ein Exemplar
Verbleib	zerstört (einige Teile im Caproni Museum und im Volandia-Luftfahrtmuseum)
Besatzung	8 plus bis zu 100 Passagiere
Antrieb	acht Liberty L-12 bis je 298 kW Leistung
Länge	22,6 m
Spannweite	30,5 m
Höhe	9,63 m
Leermasse	14 000 kg
Max. Startmasse	26 000 kg
Reisegeschwindigkeit	130 km/h
Reichweite	610 km

Chichester-Miles Leopard

Als „Gran Turismo" der Lüfte vermarktete das britische Unternehmen seinen viersitzigen Business-Jet. Trotz langer Entwicklungszeit kam es nie zu einer Serienproduktion.

Überschaubare Abmessungen, Komfort, schnittiges Aussehen, hohe Geschwindigkeit und niedrige Betriebskosten: Mit diesem Gesamtpaket hoffte Ian Chichester-Miles mit seiner Firma Chichester-Miles Consultants (CMC) in den 80er Jahren auf zahlreiche Kunden für seinen viersitzigen Geschäftsreisejet. Die Entwicklung hatte der ehemalige Chefforscher von British Aerospace schon 1981 begonnen. Die Zelle der Leopard bestand zu großen Teilen aus Glasfaser-Verbundwerkstoffen. Als Antrieb kamen zwei einwellige Mini-Turbojets NPT 301 des Unternehmens Noel Penny Turbines Ltd. aus Coventry zum Einsatz. Sie sollten der Maschine zu einer Reisegeschwindigkeit von Mach 0.76 verhelfen, zumindest der Planung nach. Ende 1988 nahm der Prototyp die Flugerprobung auf. Die zweite Maschine sollte bereits näher am Serienstandard sein und das stärkere NPT 754 erhalten, doch Noel Penny musste Konkurs anmelden. Daraufhin griff CMC nach längerer Zwangspause auf das FJX-1 von Williams International aus den USA zurück. So flog der zweite Leopard erst am 9. April 1997. Allerdings gab es wieder Probleme mit dem Triebwerkslieferanten, da das vorgesehene Serienmodell wenig später exklusiv an einen anderen Flugzeugbauer ging. Chichester-Miles versuchte trotzdem beharrlich, sein „Baby" an Mann oder Frau zu bringen. Sein Tod im Jahr 2009 beendete jedoch alle geplanten Weiterentwicklungen. ◄

Diese Leopard steht heute im Museum in Coventry.

Typ	Geschäftsreiseflugzeug
Erstflug	12. Dezember 1988
Produktion	zwei Exemplare
Verbleib	Bournemouth Aviation Museum, Midland Air Museum, Coventry
Besatzung	1 plus drei Passagiere
Antrieb	zwei Williams FJX-1 mit je 3,1 kN Schub
Länge	7,54 m
Spannweite	7,16 m
Höhe	2,06 m
Leermasse	952 kg
Max. Startmasse	1814 kg
Höchstgeschwindigkeit	869 km/h
Reichweite	2778 km

USA

Convair GRB-36D (FICON und Tom-Tom)

In den 50er Jahren testete die US Air Force exotische Kombinationen zum Schutz ihrer Langstreckenbomber. Die Flugzeuge nahmen ihre Eskorte einfach mit, entweder an den Tragflächenenden oder im Bombenschacht.

Trotz der rasanten Fortschritte in der Entwicklung konnten die Begleitjäger bezüglich ihrer Reichweite längst nicht mit den neuen strategischen Bombern mithalten. Trotzdem wollte die US-Luftwaffenführung ihre Bomber nicht ohne Schutz in feindliches Gebiet fliegen lassen und ließ sich daher auf teilweise äußerst exotische Konzepte ein. Eines davon war das Projekt „Tip Tow", bei denen eine Boeing B-29 Superfortress ihre Eskorte in Form von zwei Republic F-84 Thunderjet an den Tragflächenenden ins Zielgebiet schleppte. Im Einsatz sollten die drei Flugzeuge getrennt voneinander starten und sich auf dem Weg zum Ziel treffen und verbinden. Kurz vor dem Ziel koppelten die Jäger ab, um ihren Bomber schützen und für den Rückweg wieder anzudocken. Nach ersten Erfolgen im Juli 1950 gab die Air Force das Projekt nach einem tragischen Unfall auf, bei sowohl eine F-84 als auch die B-29 verloren gingen. Stattdessen wollte man nun den Begleitjäger im Waffenschacht des Bombers platzieren. Nach dem Fiasko mit der McDonnell XF-85 Goblin sollte es das Projekt FICON richten (für „Fighter Conveyor", Jäger-Transporter). Als Alternative kam wieder die F-84 ins Spiel. In diesem Fall erhielt die Thunderjet einen ausfahrbaren Haken vor dem Cockpit, um sich damit in ein Trapez unter der B-36 einzuklinken. Anschließend wurde der Jet mit einem Hängegerüst in den Schacht gezogen. Damit das Flugzeug hineinpasste, mussten die Designer das Höhenleitwerk nach unten abwinkeln. Im Gegensatz zu den bisherigen Vorhaben verlief die Flugerprobung ohne größere Probleme. Die Tests begannen am 9. Januar 1952 mit einer GRB-36F und einer F-84E. Am 14. Mai 1952 startete die Peacemaker erstmals mit der Thunderjet an Bord, ließ sie in der Luft starten und wieder andocken. Anschließend landete das Paar wieder gemeinsam. In den folgenden Monaten erzielten die Testpiloten insgesamt 170 Koppelungen, unter anderem auch mit der neuen YF-84F Thunderstreak. Allerdings sah die Air Force einen größeren Nutzen des ungewöhnlichen Gespannes nicht für Begleitschutzaufgaben sondern für die Langstreckenaufklärung. Die Führung erteilte Aufträge für die Umrüstung von zehn GRB-36D und den Bau von 25 RF-84K Thunderflash. Im Einsatz sollten nämlich die Aufklärer und ihre Mutterschiffe getrennt starten und sich in der Luft zusammenfinden. Das Duo besaß dann eine Ge-

samtreichweite von knapp 6400 Kilometern. Erste Einsätze begannen im Jahr 1955, endeten aber schon wieder mit der letzten Mission am 27. April 1956, da mittlerweile ein viel effizienteres Konzept Schule gemacht hatte: Die Betankung in der Luft. Daher hatte auch das letzte, „Tom-Tom" genannte Vorhaben, keine Chance. Hier sollten zwei RF-84F Thunderflash an der Tragfläche einer RB-36F andocken. Am Flügelende des Bombers befand sich ein Haken, den massive Klemmbacken an der Tragfläche des Jets in eine Art Öse führten. Die vom Mutterschiff erzeugten Turbulenzen und Wirbel erschwerten die ersten Ankuppelungsversuche Anfang 1955 jedoch erheblich. Als schließlich am 23. September 1956 eine RF-84F vom Flügel wegbrach und beinahe mit der RB-36F kollidierte, war auch hier Schluss. ◂

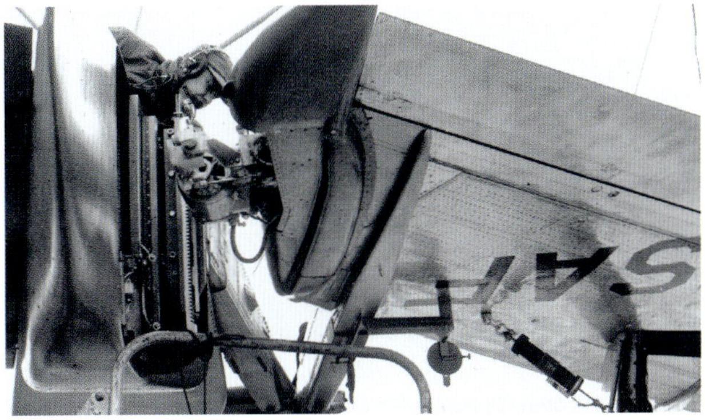

Beim Projekt Tom-Tom dockten die Jets an den Tragflächenenden des Bombers an.

Typ	Trägerflugzeug/Aufklärer
Erstflug	9. Januar 1952 (erster Kontaktflug)
Produktion	elf Exemplare
Verbleib	zurückgerüstet/verschrottet
Besatzung	19
Antrieb	sechs Pratt & Whitney R-4360-53 (je 2793 kW) und vier General Electric J47-GE-19 (je 23,1 kN)
Länge	49,4 m
Spannweite	70,1 m
Höhe	14,22 m
Max. Startmasse	161 950 kg
Höchstgeschwindigkeit	640 km/h
Reichweite	4520km
Bewaffnung	zwei 20 mm-Kanonen im Heck

Convair NB-36H

USA

Als erstes Flugzeug der Welt flog dieser umgerüstete Bomber mit einem aktiven Atom-Reaktor an Bord.

Ein weiteres großes Thema in den 40er Jahren stellte die Atom-Energie dar. Die Science-Fiction-Romane aus dieser Zeit sind voll mit nuklear angetriebenen Vehikeln. Die Ideen machten natürlich auch nicht vor dem Militär halt, und so begann die US Air Force Ende der 40er Jahre ein Programm, das die Auswirkungen eines Nuklearreaktors an Bord eines Flugzeugs auf die Besatzung und die Systeme erforschen sollte. Die Wahl fiel schließlich auf die B-36 Peacemaker. Convair nutzte ein von einem Tornado am Bug beschädigtes Exemplar für die entsprechende Umrüstung. Ein geteiltes Abschirmungssystem aus Blei sollte die Gewichtsbelastung senken; der Reaktor erhielt eine starke Verkapselung, während der Raum für die Besatzung etwas dünner verkleidet war. Trotzdem war das Crew-Abteil stark isoliert. Statt der Gewächshaus-ähnlichen Kuppel kamen kleine, bis zu 28 Zentimeter dicke Bleiglas-Scheiben zum Einsatz. Im Cockpit war es dadurch so ruhig wie in einem Segelflugzeug. Der mit seiner Verkleidung fast 16 Tonnen wiegende Reaktor in der Ein-Megawatt-Klasse fand im Bombenschacht Platz. Mit einem möglichen Antrieb verbunden hätte er lediglich einen Schub von 0,67 Kilonewton ermöglicht. Seitliche Lufteinlässe dienten zur Kühlung.

Am 17. September 1955 startete die NB-36H und nahm als erstes Flugzeug der Welt einen Atomre-

aktor in Betrieb – natürlich erst, nachdem sie eine sichere Flughöhe erreicht hatte. Die Flüge fanden über dünnbesiedeltem Gebiet im Südwesten der USA statt. Als Begleitflugzeug diente eine Boeing B-50 mit weiteren Technikern an Bord; einige davon hatten eine Fallschirmausbildung, da sie im Falle eines Unfalls der NB-36H abspringen sollten, um das betroffene Gelände abzusperren. Glücklicherweise war dies nie der Fall, und sollte auch in Zukunft nicht passieren, denn im Herbst 1956 kippte die Air Force das Programm eines nukleargetriebenen Bombers. General Electric und Pratt & Whitney hatten zwar Aufträge zur Entwicklung möglicher Triebwerke erhalten, aber auch hier schlug der Rotstift zu. Der letzte von 47 Flügen der auch „The Crusader" genannten Maschine fand so am 28. März 1957 statt. Die neue Regierung unter John F. Kennedy beendete schließlich 1961 auch die letzten Atomprogramme der amerikanischen Luftfahrt. ◂

Typ	Forschungsflugzeug
Erstflug	17. September 1955 (mit Reaktor in Betrieb)
Produktion	1
Verbleib	verschrottet
Besatzung	5
Antrieb	sechs Pratt & Whitney R-4360-53 mit je 2830 kW Leistung und vier General Electric J47 mit je 23,1 kN Schub
Länge	49,38 m
Spannweite	70,10 m
Höhe	14,23 m
Startmasse	162 305 kg
Höchstgeschwindigkeit	676 km/h

Convair R3Y Tradewind

USA

Das erste Turboprop-Flugboot besaß phänomenale Flugleistungen, aber der nicht ausgereifte Antrieb sorgte für ein finales Flugverbot.

Hohe Leistung bei annehmbarem Kraftstoffverbrauch: Dieser Formel verdankt der Turboprop-Antrieb bis heute seinen Erfolg. In den 40er Jahren wollte die US Navy damit die Leistungsfähigkeit ihrer Patrouillen-Flugboote verbessern und gab die Entwicklung eines entsprechenden Musters in Auftrag. Ende 1948 hatte Convair den ersten von zwei Prototypen der XP5Y-1 vollendet. Nur eine Sache fehlte: die Triebwerke. Da das ursprünglich geplante XT30 von Westinghouse nicht rechtzeitig verfügbar war schwenkten en die Ingenieure schon früh auf das Allison XT40 um. Diese Wahl sollte die Sache nicht besser machen, denn das aus zwei T38-Aggregaten kombinierte Modell mit gegenläufigen Doppelluftschrauben blieb ebenfalls von Problemen und Verspätungen geplagt. Mit dem Erstflug am 18. April 1950 zeigten sich aber auch die Vorteile, denn das Flugboot erwies sich als doppelt so schnell wie die bisherigen Vertreter, und die Steigleistung erreichte fast Werte von Kolbenmotor-Jägern. Dumm nur, dass die US Navy das Konzept für bewaffnete Flugboote wenig später über Bord warf. Glücklicherweise für Convair hielten die Strategen jedoch an der Verwendung als Transporter fest. In dieser Variante absolvierte die nun Tradewind getaufte R3Y ihren Jungfernflug am 25. Februar 1954. Eine zweite Ausführung erhielt einen nach oben klappbaren Bug und sollte so in der Lage sein, Truppen einschließlich schwerer Fahrzeuge in Strandgebieten anlanden zu können. Die insgesamt elf bestellten Exemplare beider Versionen flogen aufgrund der weiter anhaltenden Triebwerksprobleme nur kurze Zeit – keine zwei Jahre – bei der VR-2-Transportstaffel in Alameda. Alle neun nicht abgestürzten Tradewinds endeten bis 1960 auf dem Schrottplatz.

Typ	Transportflugboot
Erstflug	18. April 1950 (XP5Y-1)
Produktion	13 Exemplare in drei Versionen
Verbleib	alle verunglückt oder verschrottet
Besatzung	5
Antrieb	vier Allison T40-A-10 mit je 4362 kW Leistung (R3Y-2)
Länge	42,57 m
Spannweite	44,42 m
Höhe	13,67 m
Leermasse	36 390 kg
Max. Startmasse	79 380 kg
Höchstgeschwindigkeit	579 km/h
Reichweite	6437 km
Nutzlast	21 770 kg

Im Gegensatz zur R3Y-2 besaß die R3Y-1 einen schlankeren Bug.

Convair XB-46

Aussehen ist nicht alles: Der Bomber sah zwar sehr schnell aus, konnte die Erwartungen aber nicht erfüllen.

Schon im April 1944 begannen die US Army Air Forces mit der Suche nach einem strahlgetriebenen Bomber, der bis zu 800 km/h schnell sein sollte. Die Industrie antwortete mit vier Vorschlägen in zwei Größenklassen: jeweils mit vier oder sechs Triebwerken. Um auf Nummer Sicher zu gehen bestellten die Streitkräfte Prototypen aller vier Muster: die North American XB-45 trat gegen die Convair XB-46 an, während eine Klasse höher die Boeing XB-47 gegen die Martin XB-48 um den lukrativen Auftrag kämpfte. Der Convair-Entwurf sah zwar aerodynamisch sauber aus, ließ bei der Auslegung aber einiges an Innovation vermissen. Als Antrieb stand nur das erste Axialstrahltriebwerk der USA in Form des General Electric TG-180 zur Verfügung, von denen jeweils zwei in Gondeln unter der ungepfeilten Tragfläche Platz fanden. Pilot und Copilot konnten sich unter der eigentlich eher für ein Jagdflugzeug typischen Haube über eine ausgezeichnete Sicht freuen. Der Bombenschütze war im verglasten Bug untergebracht. Bei den Systemen konnte die XB-46 dagegen mit einer Neuerung aufweisen: Sie verfügte erstmals über eine pneumatische Betätigung des Fahrwerks, der Bremsen und der Bombenschachtluken.

Nachdem Convair am 27. Februar 1945 den Bauauftrag erhalten hatte gingen die Konstruktionsarbeiten recht zügig voran, so dass am 2. April 1947 Ellis „Sam" Shannon und Bill Martin mit der XB-46 in San Diego zu deren Jungfernflug abheben konnten. Die anschließende Erprobung auf der heutigen Edwards Air Force Base verlief relativ reibungslos, und bei der Überführung zum Wright Field in Ohio erzielte die Maschine eine Durchschnittsgeschwindigkeit von 858 km/h. Die XB-46 blieb ein Einzelstück, das zwar deutlich schneller als die XB-45 fliegen konnte, aber leider auch um elf Tonnen schwerer war. Die angepeilten Leistungen waren nicht zu erreichen; außerdem passte das für den Einsatz vorgesehene klobige Feuerleitsystem nicht ohne große Änderungen in den schlanken Rumpf. So wurde die B-45 Tornado zum ersten in Serie gebauten Jetbomber der USA, auch wenn er nur eine Übergangslösung bis zur deutlich leistungsfähigeren B-47 war. Wie viele andere ausgediente Prototypen flog die XB-46 auch nach dem Programmende noch eine Zeit weiter für verschiedene Versuche, bis sie auf dem Schrottplatz endete. Die Bugsektion war in den 50er Jahren noch im US-Air-Force-Museum zu sehen, hat aber nicht bis heute überlebt. ◂

Typ	Bomber
Erstflug	2. April 1947
Produktion	ein Exemplar
Verbleib	verschrottet
Besatzung	3 (Pilot, Copilot/Feuerleitoffizier, Navigator/Bombenschütze)
Antrieb	4 General Electric TG-180-A5 (Serienversion Allison J35-A-3) mit einem Schub von je 17,78 kN
Länge	32,23 m
Spannweite	34,44 m
Höhe	8,5 m
Leermasse	21 752 kg
Max. Startmasse	43 307 kg
Höchstgeschwindigkeit	877 km/h
Reichweite	4618 km
Bewaffnung	Bomben (3624 kg), zwei 12,7 mm-MGs im Heck

Convair XC-99

USA

Das zu seiner Zeit größte Landflugzeug der Welt blieb ein Einzelstück. Die XC-99 war schlicht zu riesig für ihre Zeit.

Noch während sich der schwere Bomber XB-36 in der Entwicklung befand dachten die Konstrukteure schon an eine Variante als Frachter und Passagierflugzeug. Die Idee fand auch bei den Generälen Anklang, und so bestellten sie im Dezember 1942 ein Exemplar der späteren XC-99. Rund 60 Prozent der Teile sollten baugleich mit denen der Peacemaker sein. Der Hauptunterschied lag im neugestalteten Rumpf mit zwei Decks – einem Frachtvolumen so groß wie zehn Eisenbahnwaggons. Mit 400 voll ausgerüsteten Soldaten übertraf die Kapazität die der damals in Dienst befindlichen Transporter um das Achtfache. Auch in der zivilen Welt fand das Projekt Interesse: Im Februar 1945 bestellte acht Pan American Airways 15 mit einer luxuriösen Kabine für 204 Passagiere ausgestattete Exemplare. Später nahm Pan Am aber Abstand von dem Kauf, da die Airliner für den damaligen Markt einfach zu groß war und sich die Betriebskosten als immens erwiesen hätten. Trotzdem gingen die Arbeiten an der XC-99 weiter. Rund 15 Monate nach der Bomberausführung startete der Riesenfrachter im November 1947 zu seinem Jungfernflug. Die anschließenden Tests zeigten, dass das Muster seine Spezifikationen sogar übererfüllte, und am 26. Mai 1949 übernahm die US Air Force ihre neues Cargo-Flaggschiff. Von der Kelly Air Force Base in Texas aus kam es mit den größten Landflugzeug seiner Zeit zu zahlreichen Rekordflügen. Im August 1953 landete es sogar auf der Rhein Main Air Base in Frankfurt. Trotz der guten Leistungen konnte sich die USAF nicht zu einer Serienbestellung durchringen, flog das Einzelstück aber noch bis 1957. Die XC-99 konnte zwar Fracht günstiger als alle anderen Typen befördern, aber nur bei voller Beladung. Genau dafür reichte jedoch der damalige Bedarf kaum aus. ◂

Typ	Transportflugzeug
Erstflug	24. November 1947
Produktion	ein Exemplar
Verbleib	National Museum of the United States Air Force (eingelagert Davis-Monthan AFB)
Besatzung	5
Antrieb	sechs Pratt & Whitney R-4360 Wasp Major mit je 2570 kW Leistung
Länge	55,63 m
Spannweite	70,1 m
Höhe	17,53 m
Leermasse	61 340 kg
Max. Startmasse	120 202 kg
Höchstgeschwindigkeit	494 km/h
Reichweite	13 000 km

Convair XF-92

USA

Der Deltajet war eigentlich als Vorstufe zu einem geplanten Jäger mit Mischantrieb gedacht, wandelte sich aber zu einem wertvollen Forschungsflugzeug.

Auch in den USA wollte man in der Entwicklung deltaförmiger Tragflächen nicht zurückbleiben und nutze die Erfahrung von Alexander Lippisch, der während des Zweiten Weltkriegs in Deutschland unter anderem mit seinem DM-1-Segler Vorreiter auf diesem Gebiet war. Convair entwarf die XP-92 allerdings aufgrund eigener Daten als möglichen Abfangjäger mit einem gemischten Raketen- und Staustrahlantrieb. Um die neue Flügelform zu testen sollte vorab ein konventionelleres Fluggerät mit einem J33-Strahltriebwerk von Allison in die Luft gehen. Im Mai 1948 begannen erste Rollversuche in der Wüste Kaliforniens. Wenig später gab die US Air Force das Jägerprojekt mit seinem viel zu radikalen Antrieb auf. Trotzdem liefen die Tests mit dem nun XF-92A genannte Forschungsflugzeug weiter, das am 18. September 1948 seinen offiziellen Erstflug absolvierte. Aufgrund seiner chronischen Leistungsschwäche bekam der Jet später einen Nachbrenner in der verlängerten Schubdüse verpasst. Er beendete seine Karriere beim NASA-Vorgänger NACA im Oktober 1953 mit einem gebrochenen Bugfahrwerk nach insgesamt 118 durchgeführten Flügen. In der Zwischenzeit trat die Maschine sogar im Kinofilm „Jet Pilot" mit John Wayne als fiktive „MiG-23" auf. Zuletzt litt das Delta allerdings unter erheblichen Wartungsproblemen. „Jedes Mal, wenn ich mit diesem Flugzeug startete hielt ich den Atem an, bis ich in einer sicheren Höhe war, um den Schleudersitz zu benutzen – falls nötig", sagte später der Testpilot Scott Crossfield. So gesehen grenzt es fast an ein Wunder, dass der Jet heute im Museum zu sehen ist. ◄

Typ	Versuchsflugzeug
Erstflug	18. September 1948
Produktion	ein Exemplar
Verbleib	National Museum of the United States Air Force, Dayton
Besatzung	1
Antrieb	ein Allison J33-A-29 mit 33 kN Schub (mit Nachbrenner)
Länge	12,95 m
Spannweite	9,55 m
Höhe	5,41 m
Leermasse	4118 kg
Max. Startmasse	6626 kg
Höchstgeschwindigkeit	1156 km/h

Convair F2Y Sea Dart

USA

Das schnellste Wasserflugzeug der Welt konnte die gesteckten Ziele nicht erreichen, und für die geplante Mach-2-fähige Weiterentwicklung ging der US Navy die Geduld aus.

Da Wasserflugzeuge aufgrund ihres Einsatzgebietes immer Kompromisse erforderten blieben sie meist den landgestützten Vertretern unterlegen. Eine der wenigen Ausnahmen bildeten die Rennflugzeuge der berühmten Schneider Trophy in den 20er und 30er Jahren. Nach Ende des Zweiten Weltkriegs wollte Convair das Ungleichgewicht mit Hilfe moderner Technologien wieder ins Lot bringen. Allen voran der Strahlantrieb lieferte neue Konstruktionsansätze, da man nun nicht mehr Rücksicht auf den Abstand von Propellern zur Wasseroberfläche nehmen musste. Außerdem besaß das Unternehmen enorm viel Erfahrung im Flugbootbau und setzte auf den sogenannten Hydroski, der ein Flugzeug quasi wie ein ausfahrbarer Wasserski bei Start und Landung aus den Wasser heben konnte. Im Januar 1951 unterzeichnete die US Navy eine Absichtserklärung über den Bau von zwei Prototypen einer möglichen Ausführung als Jagdflugzeug. Damit nahm die Entwicklung der XF2Y-1 Fahrt auf. Convair fuhr dabei alle Innovationen auf, die man zur Verfügung hatte: Turbojets, Hydroskis und einen Deltaflügel. Den Antrieb in Form von zwei Westinghouse J46 brachten die Ingenieure auf dem oberen Rumpf an, um das Einsaugen von Wasser zu verhindern. Die beiden ausfahrbaren Hydroskis hatten kleine Räder an ihren Enden, so dass die Sea Dart aus eigener Kraft an Land rollen konnte. Erste Schwimmversuche begannen im Dezember 1952 in der Bucht von San Diego und zeigten bei höheren Geschwindigkeiten ein Problem mit den Skiern: die Vibrationen waren so heftig, dass der Pilot im Cockpit die Anzeigen nicht mehr ablesen konnte. Nach einigen Änderungen riskierte Convair schließlich am 9. April 1952 den ersten Flug. Die Flugleistungen erwiesen sich als ziemlich enttäuschend,

statt der angestrebten Geschwindigkeit von Mach 1.5 waren gerade einmal Mach 0.9 möglich. Die Marine kürzte daraufhin ihre Bestellung. Trotz einiger Modifikationen ließen sich die Probleme auch beim zweiten Prototyp (nun wie die folgenden Exemplare als YF2Y-1 bezeichnet) nicht in den Griff bekommen. Zu allem Unglück stürzte er am 4. November 1954 bei einer Vorführung ab. Die Sea Dart brach bei einem Vorbeiflug mit hoher Geschwindigkeit in der Luft auseinander, Pilot Charles Richbourg kam dabei ums Leben. Später stieß eine dritte Maschine zur Flotte, die aber auch nicht die erhofften Verbesserungen erzielte. Mittlerweile hatte man rund 100 verschiedene Ausführungen des Hydroskis ausprobiert, und im Januar 1956 fiel die Entscheidung, das Projekt zu beenden. Damit kam auch für die geplante F2Y-2 mit stärkeren Triebwerken und optimierten Rumpf das Aus, obwohl sie einige der Probleme der ersten Sea Darts hätte lösen können. Interessanterweise entkamen alle Maschinen der Verschrottung, sowohl die zwei verbliebenen Jets aus der Erprobung als auch zwei nie geflogene Exemplare. ◀

Typ	Jagdflugboot
Erstflug	9. April 1952
Produktion	fünf Exemplare
Verbleib	San Diego Aerospace Museum, National Air and Space Museum (eingelagert), Wings of Freedom Museum, Florida Air Museum, abgestürzt
Besatzung	1
Antrieb	zwei Westinghouse XJ46-WE-2 mit je 27,15 kN Schub mit Nachbrenner
Länge	12,55 m
Spannweite	9,3 m
Höhe	4,93 m
Leermasse	5739 kg
Max. Startmasse	6804 kg
Höchstgeschwindigkeit	1328 km/h (geschätzt)
Reichweite	826 km
Bewaffnung	44 ungelenkte Raketen in seitlichen Waffenabteilen plus vier 20 mm-Kanonen (geplant)

USA

Convair XFY-1 Pogo

Dank ihres monströsen Turboprops im Bug konnte die Pogo auf dem Heck stehend senkrecht in die Luft starten und auf dieselbe Weise wieder landen. Doch das Design hatte einige Nachteile.

Ging es damals nach einigen Planern innerhalb der US Navy, dann könnten Flugplätze mit ihren langen Startbahnen und große und immens teure Flugzeugträger der Geschichte angehören. In den 40er Jahren riefen sie das Projekt Kolibri („Hummingbird") ins Leben, das zu einer neuen Klasse von Fluggeräten führen sollte. Diese VTOL-Maschinen (Vertical Take-off and Landing) konnten senkrecht auf kleinsten Flächen starten sowie landen und wie der kleine Vogel in der Luft schweben. Im Gegensatz zum Vorbild aus der Natur sollten sie diese Fähigkeiten auf dem Schwanz sitzend absolvieren. Damit war der Begriff des Tailsitters geprägt. Nur stellte sich die Frage, welcher Antrieb überhaupt solche Verfahren erlaubte. Die ersten Strahltriebwerke wiesen bei weitem nicht genug Schub auf, und Raketen wie bei der deutschen Bachem Ba 349 galten als viel zu unpraktisch. Aus diesem Grund fiel die Entscheidung zugunsten des neuen Turboprop-Antriebs, der hohe Leistung bei erträglichem Verbrauch versprach. Am 31. März 1951 erteilte die Marine schließlich den Auftrag an Convair und Lockheed, ein entsprechendes Forschungsflugzeug zu entwickeln, das später zu einem einsatzfähigen Jäger führen könnte. Als Antrieb beider Muster diente der mächtige XT40 von Allison, der aus zwei gekoppelten T38-Turboprops bestand. Auch der gegenläufige Doppelpropeller setzte mit einem Durchmesser von 4,88 Metern neue Maßstäbe. Nie zuvor hatte ein so kleines Fluggerät einen derart starken Motor erhalten – mit mehr als 4000 Kilowatt! Allerdings sollte der XT40 nie wirklich einsatzreif werden und noch so manchem Programm den Gar aus machen.

Gegensatz zum Konkurrenzmodell von Lockheed eine voraus gehende Erprobung im konventionellen Geradeausflug nicht möglich war – es ließ sich einfach kein provisorisches Fahrwerk anbringen – musste Testpilot James Coleman direkt ins kalte Wasser springen. Immerhin konnte er vor dem ersten freien Schwebeflug am 1. August 1954 einige Hüpfer an einer Sicherheitsleine ausführen. Den ersten Übergang in den Geradeausflug nahm er am 2. November 1954 in Angriff. Als Knackpunkt erwies sich allerdings immer die Landung, da Coleman keine Sicht nach hinten hatte und die Sinkgeschwindigkeit ohne digitale Hilfsmittel vorsichtig mit der Motorleistung dosieren musste. Abgesehen von dem unzuverlässigen XT40 plagten sich die Ingenieure mit Problemen bei der Flugsteuerung herum, und bald mussten auch die optimistischsten Navy-Offiziere einsehen, dass sich selbst eine verbesserte Serienvariante nicht gefahrlos von normalen Marine-Piloten auf sich bewegenden Schiffen einsetzen ließ. Nach 40 spektakulären und erstaunlicherweise unfallfreien Flugstunden war im Juni 1955 Schluss, und die XFY-1 kam in die Sammlung des Smithsonian Institute. Das bestellte zweite Exemplar wurde gar nicht erst gebaut. ◂

Für seinen nach der Pogo-Hüpfstange benannten Entwurf wählte Convair einen Deltaflügel mit zwei großen, jeweils senkrecht zur Tragfläche stehenden Leitwerken, der auf vier kleinen, mit Stoßdämpfern versehenen Rädern jeweils an den Enden stand. Da im

Typ	Senkrechtstart-Versuchsflugzeug
Erstflug	1. August 1954
Produktion	ein Exemplar
Verbleib	National Air and Space Museum (eingelagert in Silver Hill)
Besatzung	1
Antrieb	ein Allison XT40-A-6 mit 4101 kW Leistung
Länge	10,66 m
Spannweite	8,43 m
Höhe	7,2 m
Leermasse	5326 kg
Startmasse	7371 kg
Höchstgeschwindigkeit	763 km/h
Reichweite	ca. 800 km

USA

Convair YB-60

Trotz gepfeilter Tragfläche und acht Jettriebwerken bliebt die Weiterentwicklung der B-36 einfach ein langsames Flugzeug, das gegen die B-52 keine Chance hatte.

Die zehnmotorige Convair B-36 Peacemaker machte schon einen gewöhnungsbedürftigen Eindruck, aber die YB-60 schien noch eine Schippe draufzulegen. Die Entwurfsabteilung wollte das altbekannte Design mit neuen Technologien kombinieren, und verpasste dem B-36-Rumpf eine um 35 Grad gepfeilte Tragfläche, ein neues Seitenleitwerk und einen leicht angespitzten Bug. So entstand innerhalb von nur acht Monaten ein neuer Jetbomber als Konkurrenz zu Boeings B-52. Wie bei der Stratofortress bestand der Antrieb aus acht in Zweier-Gondeln angeordneten J57-Turbojets. Convair hoffte auf einen Folgeauftrag und wollte mit der Tatsache punkten, dass 72 Prozent der Teile baugleich mit denen der Peacemaker waren. Daher rüstete der Flugzeugbauer zwei bestehende B-36-Zellen um, anstatt komplett neue Maschinen zu bauen. Nach dem Erstflug am 18. April 1952 in Fort Worth zeigte die anschließende Erprobung in Edwards ein deutliches Geschwindigkeitsdefizit gegenüber der B-52 – rund 160 km/h. Damit blieb die scheinbar mit heißer Nadel gestrickte YB-60 chancenlos. Das erste Exemplar flog nur wenige Stunden, die zweite Maschine erhielt noch nicht einmal ihre Triebwerke. Eine Ableitung als Verkehrsflugzeug landete fast ebenso schnell in die Schublade wie die beiden YB-60 auf den Schrottplatz. ◂

Typ	strategischer Bomber
Erstflug	18. April 1952
Produktion	zwei Exemplare
Verbleib	verschrottet
Besatzung	5
Antrieb	acht Pratt & Whitney J57-P-3 mit je 39 kN Schub
Länge	52 m
Spannweite	63 m
Höhe	18,44 m
Leermasse	69 407 kg
Max. Startmasse	136 078 kg
Höchstgeschwindigkeit	818 km/h
Reichweite	4700 km
Bewaffnung	33 000 kg Bomben plus zwei 20 mm-Kanonen im Heck

Curtiss X-19

USA

Aufgrund vieler mechanischer Probleme konnte der ungewöhnliche Senkrechtstarter sein Potenzial nie ausschöpfen.

In den 50er und 60er Jahren schienen die USA keine Möglichkeit für senkrechtstartende Flugzeuge auslassen zu wollen und gaben bei Curtiss-Wright die Entwicklung eines weiteren VTOL-Musters (Vertical Take-off and Landing) in Auftrag. Im Fall der X-19 sollte die Maschine mit Hilfe von vier schwenkbaren Propellereinheiten in der Luft schweben. Dazu erhielt der eher an ein Geschäftsreiseflugzeug erinnernde Rumpf vier Gondeln an den Enden der vorderen und hinteren Tragflächen, die über ein Getriebe von zwei im Heck sitzen Wellenleistungstriebwerken mit Drehzahlen versorgt wurden. Die Karriere des Gefährts begann allerdings holprig: Beim ersten Schwebeversuch am 20. November 1963 brach das Hauptfahrwerk, und die Maschine musste für sieben Monate in die Werkstatt. Die anschließende Flugerprobung verlief aufgrund verschiedener Probleme nur recht schleppend. Einige Getriebeteile in den Triebwerksgondeln besaßen aus Sicherheitsgründen ein Lebensdauerlimit von nur fünf Stunden. Nachdem die Ingenieure mehrere Schwierigkeiten bei der Flugsteuerung beheben konnten plante die Testcrew am 25. August 1964 endlich eine Transition vom Schwebe- in den Horizontalflug. Aufgrund eines Warnlichts des Getriebesystems wollten die beiden Piloten zum Flugplatz zurückkehren. Beim Versuch einer Notlandung gaben sie Vollgas, was die Antriebswelle überlastete und zum Versagen des Getriebes des zweiten Motors führte. Dadurch bekamen die verbliebenen drei Propeller mehr Leistung als sie aushalten konnten und lösten sich. Glücklicherweise konnte sich Besatzung mit den Schleudersitzen retten. Für das Programm bedeutete der Unfall allerdings das Ende; die Zahlen sprechen dabei Bände: in den insgesamt 50 Flügen war die X-19 nur magere 3,85 Flugstunden in der Luft. Der zweite Prototyp blieb unvollendet und wanderte ausnahmsweise nicht auf dem Schrott, sondern wartet in Dayton auf seine Restaurierung. ◄

Typ	Versuchs-Senkrechtstarter
Erstflug	20. November 1963
Produktion	zwei Exemplare plus statische Testzelle
Verbleib	je eine Maschine abgestürzt und eingelagert in Dayton (National Museum of the United States Air Force)
Besatzung	2
Antrieb	zwei Lycoming T55-L5 mit je 1980 kW Leistung
Länge	13,54 m
Breite	10,52 m
Höhe	5,19 m
Leermasse	4423 kg
Max. Startmasse	6690 kg
Höchstgeschwindigkeit	740 km/h (geplant)
Reichweite	830 km (projektiert)

Curtiss XP-55 Ascender

Mit einer radikalen Auslegung sollte die XP-55 bessere Leistungen als die zeitgenössischen Jäger bieten, aber zahlreiche Probleme machten alle Vorteile zu nichte.

Im November 1939 schrieb das US Army Air Corps einen Jäger mit besonderen Eigenschaften aus: Die Anordnung des Triebwerks im Heck unter Verwendung einer Druckluftschraube sollte einen möglichst geringen aerodynamischen Widerstand, gute Sichtverhältnisse für den Piloten und eine einfachere Installation der Bewaffnung ermöglichen. Mit Curtiss, Northrop und Vultee warfen drei namhafte Hersteller ihren Hut in den Ring. Mit seiner XP-55 landete Curtiss in der Bewertung auf dem zweiten Platz und bekam lediglich Geldmittel für ein Windkanalmodell. Die Firma investierte aber eigene Mittel und schuf zusätzlich die CW-24B als Versuchsflugzeug in voller Größe, aber mit schwächerem Motor. Die Eigeninitiative zeigte Wirkung, und im Juni 1942 autorisierte das Militär den Bau von drei Prototypen, die eine gepfeilte Tragfläche mit kleinen Leitwerken an den äußeren Segmenten sowie Stabilisierungsflossen am Bug erhielten. Die Flugerprobung begann im Sommer 1943, aber im No-

Die CW-24B diente als aerodynamischer Erprobungsträger.

vember desselben Jahres stürzte die erste Maschine bei Strömungsabrisstests ab, der Pilot konnte sich mit dem Fallschirm retten. Die zweite XP-55 war erst im Januar 1944 flugklar und unterlag einigen Beschränkungen, denn die nach dem Unglück erforderlichen Änderungen konnte Curtiss erst beim dritten Exemplar umsetzen. Trotzdem überwogen die Nachteile der ungewöhnlichen Konfiguration des Jägers, und aufgrund der zahlreichen Verspätungen hatten die neuen, konventionelleren Muster mittlerweile die Nase vorn. Die dritte Ascender stürzte zudem bei einer Flugvorführung am 27. Mai 1945 ab. ◂

Typ	Jagdflugzeug
Erstflug	19. Juli 1953
Produktion	drei Exemplare
Verbleib	zwei abgestürzt, zweite Maschine im Air Zoo in Michigan
Besatzung	1
Antrieb	ein Allison V-1710-95 mit 951 kW Leistung
Länge	9,02 m
Spannweite	12,37 m
Höhe	3,05 m
Leermasse	2882 kg
Max. Startmasse	3597 kg
Höchstgeschwindigkeit	607 km/h
Reichweite	1021 km
Bewaffnung	vier 12,7 mm-MGs im Bug

Custer Channel-Wing

Mit dem radikalen Konzept eines U-förmigen Flügels wollte ein US-Erfinder neue Standards für Kurzstart-Flugzeuge setzen. Aber leider erfüllte sich der amerikanische Traum in seinem Fall nicht.

Seit frühester Kindheit wollte Willard Custer, Jahrgang 1899, fliegen. Aber als Sohn eines Schmiedes fehlten die finanziellen Mittel für eine höhere Ausbildung, und so blieb ihm nur die Karriere eines Automechanikers. Als junger Erwachsener musste er einmal in einem Schuppen Schutz vor einem starken Sturm suchen, als der Wind das Dach wegblies. Dieses Schlüsselerlebnis ließ ihn nicht mehr los, und er versuchte, das Prinzip in ein Fluggerät umzuwandeln. Nicht das Flugzeug, sondern die Luft sollte beschleunigt werden, um Auftrieb zu erzeugen. Diesen Ansatz nannte er „Aerophysik". Im Jahr 1927 begann er mit dem Bau und der Erprobung erster Modellflugzeuge. Später sollten 19 Windkanalmodelle und drei komplette Flugzeuge folgen. Den Kernpunkt seiner Idee stellte ein Flügel dar, der wie ein Kanal geformt war. Ein Druckpropeller dahinter saugte die Luft über die Tragfläche und sorgte so schon im Stand für Auftrieb. So waren extrem kurze Start- und Landestrecken möglich, und das ganz ohne komplexe mechanische Vorrichtungen. Dennoch wurde er vielerorts belächelt, ließ aber nicht locker. Vielleicht liegt der Charakterzug in seiner Familie, schließlich war er der Groß-Großneffe des berühmten Generals George Custer. Mittlerweile hatte er es als Autoverkäufer zu einem kleinen Wohlstand gebracht, und beschloss, seinen Traum zu verwirklichen. Er gründete seine eigene Firma, die Custer Channel Wing Corporation. Den Höhepunkt seines Schaffens markierte die ganz aus Metall bestehende CCW-5, die erstmals 1953 im kalifornischen Oxnard flog. Als Basis diente die Baumann Brigadier, einem in nur zwei Exemplaren gebauten, leichten Transportflugzeug aus dem Jahr 1947. Die Startstrecke der Custer-Kreation betrug nur knapp 30 Meter. Bei späteren Tests schwebte sie wie ein Hubschrauber in der Luft. Möglich machte dies der Kanalflügel, dessen innere Segmente einen halbkreisförmigen Bogen mit einem Radius von 1,83 Metern beschrieben. In der Mitte saß ein auf Streben gelagerter Continental-Motor, der die Hartzell-Luftschraube antrieb. Bei laufendem Antrieb saugte diese Anordnung Luft durch die runden Kanäle mit Strömungsgeschwindigkeiten von bis zu 185 km/h.

In den folgenden Jahren führte Custer seine Errungenschaft in den ganzen USA vor. Im September 1960 genehmigten die Anteilseigner seines Unternehmens die Aufnahme der Serienfertigung, und im Dezember desselben Jahres begann die Produktion in eigens dafür angemieteten Flächen auf dem Flugplatz von Hagerstown, Maryland. Im Jahr 1964 erteilte die US-Luftfahrtbehörde dem Muster eine vorläufige Zulassung. Der Verkaufspreis belief sich damals auf 65 000 Dollar. Trotz der teilweise einzigartigen Leistungen – Startstrecke zwischen 15 und 60 Metern, Landestrecke 100 Meter – blieb es bei dem Prototyp und einem Vorserienexemplar. Leider lag die Reisegeschwindigkeit deutlich hinter den Erwartungen zurück. Die endgültige Zulassung zog sich aufgrund finanzieller Probleme über Jahre hin, und kam schließlich nicht zustande. So endete Custers Traum in den 70er Jahren auf unschöne Weise. ◂

Typ	Kurzstart-Flugzeug
Erstflug	13. Juli 1953
Produktion	zwei Exemplare
Verbleib	Prototyp vermutlich verschrottet, Vorserienmaschine im Bestand des Mid-Atlantic Air Museum, Reading, Pennsylvania
Kapazität	fünf Personen
Antrieb	zwei Continental IO-470-P mit je 194 kW Leistung
Länge	8,75 m
Spannweite	12,55 m
Höhe	3,3 m
Leermasse	1670 kg
Startmasse	2450 kg
Reisegeschwindigkeit	ca. 320 km/h
Reichweite	2700 km (geplant)

De Havilland DH.108

Bei kaum einem Flugzeug lagen Triumph und Tragödie so nahe beieinander wie bei der DH.108. Kurz nach dem Erzielen eines neuen Geschwindigkeitsrekords starb Geoffrey de Havilland beim Absturz der zweiten Maschine.

Gegen Ende des Zweiten Weltkriegs realisierten die Briten, dass weitere Fortschritte im Flugzeugbau nur mit neuen Tragflächenformen wie dem Pfeil- oder Deltaflügel möglich waren. Aus diesem Grund riefen sie unter anderem ein Komitee ins Leben, das insbesondere schwanzlose Auslegungen aufs Korn nehmen sollte. Das Ministerium für Flugzeugproduktion gab im Januar 1946 den Bau von zwei Exemplaren eines entsprechenden Forschungsflugzeugs in Auftrag. Dazu nahm de Havilland die Rümpfe zweier Vampire-Jäger und verpasste ihnen die neuen Tragflächen. So konnte Cheftestpilot Geoffrey de Havilland schon am 15. Mai 1946 zum Jungfernflug abheben. Später stellte er mit 991 km/h einen neuen absoluten Geschwindigkeitsweltrekord auf. Aber nur wenig später, am 27. September 1946, brach die zweite DH.108 in der Luft auseinander, de Havilland hatte keine Chance. Trotzdem sah man viel Potenzial für aerodynamische Erkenntnisse und bestellte eine dritte Maschine, die mit einigen Modifikationen auf höhere Geschwindigkeiten abzielte. So erreichte John Derry am 9. September 1948 erstmals in Großbritannien – aus Versehen im Sturzflug – Überschallgeschwindigkeit. Der Meilenstein ließ sich jedoch nicht belegen, da der Kamerafilm im Cockpit kurz vorher zu Ende gegangen war. Offiziell gilt dagegen der Geschwindigkeitsrekord über einen 100-Kilometer-Kurs von 984 km/h. Trotz dieses Erfolges blieb es bei der Tatsache, dass die DH.108 schon fast bösartige Flugeigenschaften aufwies. Auch die beiden verbliebenen Exemplare stürzten während der Erprobung ab; auch hier kamen die Piloten ums Leben. Die schwanzlose Konfiguration hatte sich als tragische Sackgasse entpuppt.

Typ	Forschungsflugzeug
Erstflug	15. Mai 1946
Produktion	drei Exemplare
Verbleib	alle abgestürzt
Besatzung	1
Antrieb	ein de Havilland Goblin 4 mit 16,63 kN Schub (dritter Prototyp)
Länge	9,08 m
Spannweite	12 m
Höhe	2,95 m
Rüstmasse	4070 kg
Höchstgeschwindigkeit	1030 km/h

Der späteren VJ 101 ging dieses Fluggerät voraus.

Deutschland

Dornier Do 31 und EWR-Süd VJ 101 Schwebegestelle

Die hochkomplexe Do 31 mutet an sich schon skurril an, aber die im Vorfeld der Entwicklung getesteten Schwebegestelle legten noch eine Schippe drauf.

Bei der Entwicklung strahlgetriebener Senkrechtstarter betraten die Ingenieure vielerorts Neuland. Besonders die Steuerung im Schwebeflug stellte einige Herausforderungen dar. Aus diesem Grund kamen immer wieder Schwebegestelle zum Einsatz, die im Wesentlichen aus mit Triebwerken versehenen Stahlrohrgerüsten bestanden. Den Anfang machte das berühmte „fliegende Bettgestell" von Rolls-Royce aus dem Jahr 1954 gefolgt von vielen weiteren Ausführungen auch aus den USA und der Sowjetunion. Ab den späten 50er Jahren stieß auch Deutschland zu den Senkrechtstart-Nationen

Auch für die VAK 191 bauten die Ingenieure ein Versuchsgestell.

Bei der Do 31 folgte auf das „Reglerversuchsgestell" (oben) das schon flugzeugähnliche „große Schwebegestell" (unten).

und begann mit der Entwicklung des Überschalljägers EWR-Süd VJ 101 und des Kampfzonentransporters Dornier Do 31. Im Rahmen dieser Arbeiten entstanden mehrere kurios anmutende Fluggeräte, die zwar äußerlich keine Ähnlichkeit mit den späteren Flugzeugen besaßen, aber wertvolle Daten lieferten. Den Anfang machte die bodengestützte „Wippe" für die VJ 101 mit einem RB.108-Hubtriebwerk von Rolls-Royce gefolgt von einem komplexeren Schwebegestell mit drei RB.108. Mit letzterem absolvierte der US-Testpilot George Bright am 13. Mai 1962 in Manching den ersten Freiflug.

Auch bei der Do 31 begannen die Techniker mit einem einfacheren Gefährt, dem „Reglerversuchsgestell" mit vier RB 108, von denen die inneren die Zapfluft für die Nicksteuerung lieferten, während die beiden äußeren für die Gier- und Rollsteuerung verantwortlich waren. Schon mehr nach einem Flugzeug sah die nächste Ausführung aus. Das „große Schwebegestell" entsprach bis auf das fehlende Heck schon weitestgehend der Auslegung des Transporters und hob am 7. Februar 1967 zum ersten freien Flug ab. Der Antrieb bestand aus zwei Pegasus-Triebwerken und sechs RB.108 – statt acht aufgrund des geringeren Gewichts zur finalen Do 31. Auch für das letzte deutsche Senkrechtstartprojekt, der VAK 191, entstand noch ein als SG 1262 bezeichnetes Testgestell. Dieses verfügte über fünf RB.108 und ist heute in der Wehrtechnischen Studiensammlung in Koblenz ausgestellt. ◄

Do 31 Schwebegestell	
Typ	Testfluggerät
Erstflug	21. April 1964
Produktion	ein Exemplar
Verbleib	vermutlich verschrottet
Besatzung	1
Antrieb	vier Rolls-Royce RB.108 mit je 9 kN Schub
Länge	18,3 m
Breite	12,2 m
Masse	2268 kg

USA

Douglas X-3 Stiletto

Aussehen ist nicht alles: Dafür ist die X-3 das beste Beispiel. Das Forschungsflugzeug sah enorm schnell aus, war es aber nicht.

Ende der 40er Jahre befand sich die Luftfahrtwelt im Geschwindigkeitsrausch: dank immer schnellerer Flugzeuge schienen die Rekorde nur so zu purzeln. Meist waren es jedoch Maschinen mit Raketenantrieb, die nur kurze Zeit im Überschallbereich flogen und daher für ausgiebigere Forschungen eher ungeeignet waren. Hier kam die X-3 ins Spiel, die länger in der Luft bleiben und aus eigener Kraft starten konnte. Die Ingenieure taten ihr Bestes und verpassten dem Jet einen extrem schlanken Rumpf und sehr dünne, Trapezförmige Tragflächen. Im Inneren kamen erstmals aus Titan gefräste Komponenten zum Einsatz. Wie so oft kam die große Enttäuschung dann beim Antrieb, denn das eigentlich vorgesehene Westinghouse J46 passte nicht mehr in den endgültigen Entwurf. Die Notlösung in Form des schwächeren J34 sorgte schließlich dafür, dass das Ziel von Mach 2 utopisch blieb. Überschall mit der X-3 war nur im Sturzflug möglich. Daher blieb es bei einem Exemplar, Douglas stellte die zweite Maschine gar nicht erst fertig.

Dennoch begann die Erprobung auf der Edwards Air Force Base. Nach einem ungewollten Hopser bei Hochgeschwindigkeits-Rollversuchen am 15. Oktober 1952 folgte fünf Tage später der offizielle Erstflug. Bei der Untersuchung des Steuerverhaltens kam es beim Flug am 27. Oktober 1954 beinahe zur Katastrophe: bei einer Geschwindigkeit von Mach 0.92 geriet der Jet ins Trudeln, Pilot Joseph Walker konnte ihn auf der letzten Rille einfangen. Mit Hilfe der umfangreichen Telemetrie-Systeme an Bord kamen die Spezialisten einem Phänomen auf die Spur, das auch andere Muster wie die F-100

Super Sabre plagte. Gab der Pilot bei höheren Geschwindigkeiten zu viel Querruder traten gleichzeitig gefährliche Bewegungen um die Quer- und Längsachse auf, die sogenannte Trägheitskopplung. Die beim Zwischenfall mit der X-3 aufgetretenen Belastungen der Zelle erwiesen sich als derart gravierend, dass sie um ein Haar in der Luft zerbrochen wäre. Erst nach einem Jahr war die Stiletto wieder flugklar, wenn auch nur in eingeschränktem Rahmen. Schon 1956 kam sie ins Museum nach Dayton. Immerhin lieferte sie aufgrund ihrer hohen Start- und Landegeschwindigkeiten wertvolle Erkenntnisse für die Entwicklung von Fahrwerksteilen und Hochgeschwindigkeitsreifen. Die Investition war also nicht ganz umsonst. ◂

Typ	**Forschungsflugzeug**
Erstflug	20. Oktober 1952
Produktion	ein Exemplar
Verbleib	National Museum of the United States Air Force, Dayton
Besatzung	1
Antrieb	zwei Westinghouse J34-WE-17 mit je 21,5 kN Schub
Länge	20,35 m
Spannweite	6,91 m
Höhe	3,81 m
Leermasse	7302 kg
Max. Startmasse	10 799 kg
Höchstgeschwindigkeit	Mach 0.95
Reichweite	800 km

Douglas A2D Skyshark

USA

Mit der Skyshark und ihrem mächtigen Turboprop wollte Douglas an den Erfolg der bewähren Skyraider anknüpfen, aber der unausgereifte XT40-Antrieb vereitelte alle Hoffnungen.

Turboprop-Antriebe wie der mächtige Allison XT40 versprachen Ende der 40er Jahre einen weiteren Leistungssprung in der Flugzeugentwicklung. Auch bei Douglas liefen entsprechende Studien, die schließlich in der XA2D kulminierten. Bis auf den neugestalteten Bug mit dem neuen Antrieb und einer gegenläufigen Doppelluftschraube mit enorm großen Blättern ähnelte der Entwurf einer leicht vergrößerten AD Skyraider. Im September 1947 gab die US Navy den Bau von zwei Prototypen in Auftrag. Die Konstruktion verlief recht zügig, aber der erste Prototyp musste rund ein Jahr auf seinen Antrieb warten und konnte so erst am 26. Mai 1950 zu seinem Jungfernflug starten. Allerdings reichte es nur zu drei Flügen, bis Motorprobleme für eine weitere Zwangspause von knapp fünf Monaten führten. Angesichts des gerade ausgebrochen Koreakriegs gab die Marine trotzdem 341 Serienexemplare in Auftrag. Die im Oktober 1950 wieder aufgenommene Erprobung offenbarte jedoch weiterhin zahlreiche Schwierigkeiten mit dem Antrieb. Wie die anderen mit dem XT40 ausgestatteten Maschinen setzte die Skyshark außerdem neue Negativmaßstäbe in Punkto Lärm und Vibrationen. Am 19. Dezember 1950 verunglückte die Maschine nach einem Triebwerksversagen, der Navy-Pilot kam dabei ums Leben. Aufgrund verschiedener Modifikationen und Verspätungen flog die zweite Skyshark erst am 3. April 1952, litt aber ebenfalls unter dem unzuverlässigen Turboprop. Die Navy kürzte ihre Beschaffung immer weiter, bis nur noch zehn A2D übrigblieben, die der allgemeinen Einsatzerprobung eines Turboprop-Kampfflugzeugs dienen sollten. Nach einem weiteren Absturz hatte das Militär genug und beendete das Programm. Einige Maschinen kamen noch als Testflugzeuge zu Allison. ◂

Typ	trägergestütztes Kampfflugzeug
Erstflug	26. Mai 1950
Produktion	zwölf Exemplare (davon acht geflogen)
Verbleib	zwei abgestürzt, eine A2D in Gillespie Field (San Diego Aerospace Museum), Rest verschrottet
Besatzung	1
Antrieb	ein Allison XT40-A-2 mit 4100 kW Leistung
Länge	12,55 m
Spannweite	15,24 m
Höhe	5,21 m
Leermasse	5871 kg
Max. Startmasse	8491 kg
Höchstgeschwindigkeit	792 km/h
Einsatzreichweite	824 km
Bewaffnung	vier 20 mm-Kanonen in der Tragfläche plus verschiedene Außenlasten (2500 kg)

Douglas XB-19

USA

Für kurze Zeit war der Bomber-Prototyp das größte Flugzeug der USA. Allerdings musste das Militär den Hersteller zur Fertigstellung fast schon nötigen.

Anfang der 30er Jahre besaßen die USA im Vergleich zu anderen Nationen bei der Entwicklung von großen Bombern einen erheblichen Rückstand. Das Land litt nach wie vor unter den Folgen der Weltwirtschaftskrise, und Befürworter eines Flugzeugs, das mit Bomben bestückt den Ozean überqueren konnte, hatten gelinde gesagt einen schweren Stand. Zumal die Marineflotte im Kampf um Budgetanteile die Nase vorne hatte. Trotzdem begann das US Army Air Corps Mitte der 30er Jahre mit den Planungen für zwei experimentelle Langstreckenbomber mit den Codenamen „Project A" und „Project D". Aus ersterem wurde schließlich die Boeing XB-15. Das zweite Projekt sollte noch weiter gehen, und noch im Jahr 1936 erteilte das Air Corps Douglas den Auftrag zur Entwicklung eines Bombers, der alles Bisherige in den Schatten stellen sollte. Aufgrund des aktuellen Geldmangels gab es jedoch nur wenige Fortschritte. Dies sollte sich jedoch knapp drei Jahre drastisch ändern. Die Spannungen in Europa wuchsen immer mehr und führte zu lukrativen Aufträgen der US-Industrie, die bei der Entwicklung neuer Flugzeuge und Antriebe rapide Fortschritte machte. Daher erachtete die Douglas-Führung ihren Entwurf für nicht mehr zeitgemäß und schlug dem Militär die Aufhebung des Vertrages vor. Schließlich hatte man unter anderem mit der DC-3 genug Aufträge, und wollte keine Zeit und Ressourcen mit der XB-19 verschwenden. Doch das US Army Air Corps bestand auf den Bau des Giganten; in 99 Prozent aller Beschaffungsvorhaben ist es genau andersherum!

Im Mai 1941 konnte der Flugzeugbauer das ungeliebte Monstrum schließlich in Santa Monica fertig stellen. Die Maschine war so groß und schwer, dass die beiden 2,44 Meter durchmessenden Räder des Hauptfahrwerks in den Asphalt einsanken. Im Gegensatz zu den meisten bisherigen Mustern besaß sie ein modernes Drei-Punkt-Fahrwerk. Als Antrieb kam der Wright R-3350-5 zum Einsatz. Der 18-Zylinder-Sternmotor machte jedoch anfangs viele Probleme. Insgesamt sind 48 500 Entwurfsänderungen der Ingenieure dokumentiert. Um beim Erstflug des Riesen am 27. Juni 1941 dabei zu sein verließ sogar Hollywood-Star Clark Gable das Filmstudio. Schließlich sieht man so ein Rekordflugzeug nicht alle Tage. Die Spannweite entsprach mit 64 Metern der einer Boeing 747-400, und die maximale Startmasse näherte sich der 80-Tonnen-Marke. Die Besatzung bestand aus bis zu 24 Personen, einschließlich zwei Mechanikern und einer kompletten Ersatzcrew. Sechs Schlafkojen und eine Bordküche machten den Aufenthalt an Bord angenehmer.

Mittlerweile hatte aber auch das Militär erkannt, dass das Flugzeug als Bomber schon veraltet war und bezeichnete ihn nun als „fliegendes Labor". Nach mehreren Versuchsflügen ließen die Streitkräfte die Wright-Motoren gegen die am Anfang geplanten aber später als zu komplex verworfenen Allison V-3420 austauschen, bei dem es sich im Wesentlichen um zwei zusammenmontierte V-1710 handelte. Der Wechsel verbesserte zwar die Leistungen, aber trotzdem gab es keine wirkliche Anwendung für die nun XB-19A bezeichnete Maschine. Schließlich diente sie bis Kriegsende als Frachter. Mitte 1946 wurde sie als künftiges Museumsflugzeug in Davis-Monthan, Arizona, eingelagert, bis sie ein übereifriger Basiskommandant verschrotten ließ. Nur ein Rad des Hauptfahrwerks hat bis heute überlebt. Douglas hatte insgesamt vier Millionen Dollar eigener Mittel in das Projekt gesteckt. Dem standen Regierungsmittel von eineinhalb Millionen Dollar gegenüber. Den erheblichen Verlust konnte Douglas aber dank der enormen Aufträge aufgrund des Zweiten Weltkriegs leicht verschmerzen. ◄

Typ	schwerer Bomber
Erstflug	27. Juni 1941
Produktion	ein Exemplar
Verbleib	verschrottet
Besatzung	16
Antrieb	vier Wright R-3350-5 mit je 1492 kW Leistung
Länge	40,34 m
Spannweite	64,62 m
Höhe	12,8 m
Leermasse	39 010 kg
Startmasse	72 483 kg
Höchstgeschwindigkeit	360 km/h
Reichweite	12 408 km
Bewaffnung (geplant)	acht 907-kg-Bomben plus zwölf MGs und Maschinenkanonen zur Selbstverteidigung

Douglas XB-42 und XB-43

USA

Trotz hervorragender Leistungen hatte die Mixmaster mit ihren Kolbenmotoren keine Chance gegen die aufkommenden Strahlflugzeuge. Die Ausführung mit Turbojets hatte zwar die Ehre, der erste Jet-Bomber der USA zu sein, konnte aber die Erwartungen nicht erfüllen.

Noch während des Zweiten Weltkriegs begann die Entwicklungsabteilung von Douglas auf eigene Faust mit dem Entwurf eines mittleren Bombers, der die aktuellen Muster in den Schatten stellen sollte. Dazu wählten sie eine mehr als ungewöhnliche Triebwerksanordnung: Um den Rumpf so aerodynamisch günstig wie möglich auszuführen gab es vorne keinen Propeller. Stattdessen trieben die beiden hinter dem Cockpit im Rumpf platzierten Allison V-1710 zwei gegenläufige Luftschrauben im Heck an. Dazu kamen fast neun Meter lange Wellen und ein Getriebe zum Einsatz. Die Waffen fanden im geräumigen Bombenschacht Platz. Beim Fahrwerk kam eine Ausführung mit Bugrad zum Einsatz. Jeder der zwei Piloten verfügte über eine eigene Cockpithaube. Trotz der ungewöhnlichen Erscheinung ließen sich die US Army Air Force von den geplanten Vorteilen überzeugen – schließlich konnte der Douglas-Entwurf die doppelte Bombenlast der aktuellen Martin B-26 Marauder 800 Kilometer weiter tragen, und war dabei um fast 200 km/h schneller. Also bestellten die Generäle im Juni 1943 zwei Prototypen. Im Gegensatz zu manch anderem Programm begann die Karriere des neuen Musters recht vielversprechend: Der Erstflug erfolgte am 6. Mai 1944 sogar etwas früher als vorgesehen, und darüber hinaus erreichte die „Mixmaster“ getaufte XB-42 schon früh in der Erprobung die gesteckten Leistungsziele. Der zweite Prototyp erhielt bereits die zum Selbstschutz gedachte Bewaffnung von zwei ferngesteuerten 12,7 mm-MGs in der Flügelhinterkante sowie eine einteilige Cockpithaube. Bei der Erpro-

Die propellergetriebene Mixmaster erhielt später als XB-42A zwei zusätzliche Turbojets in Gondeln unter der Tragfläche.

bung durch die USAAF Ende 1945 stellte das Flugzeug bei einem transkontinentalen Flug mit einer Durchschnittsgeschwindigkeit von 697,8 km/h eine neue Bestmarke auf, ging aber wenig später bei einem Absturz verloren.

Trotz der guten Leistungen kam es zu keinem Serienauftrag, denn die militärische Führung hatte schon den noch vielversprechenderen Strahlantrieb im Blick. Als ersten Zwischenschritt verpassten die Ingenieure der verbliebenen Mixmaster als XB-42A zusätzliche Jetantriebe in Gondeln unter dem Flügel. Bei der folgenden XB-43 ersetzen sie dann die Kolbenmotoren durch zwei TG-180-Turbojets von General Electric und installierten seitliche Lufteinläufe am Rumpf unterhalb des Cockpits. Beim Seitenleitwerk entfiel das untere Teil zugunsten einer vergrößerten Seitenflosse oberhalb des Hecks. Da die Zeit drängte nahm Douglas einfach die statische Testzelle der ursprünglichen XB-42 als Basis für das erste von zwei bestellten Exemplaren. Die Hektik schien umsonst, den die Triebwerke ließen auf sich warten und sorgten später bei einem Bodentests mit herumfliegenden Verdichterschaufeln für Unbill. Schließlich konnten die Testpiloten Bob Brush und Russell Thaw am 17. Mai 1946 zum ersten

Typ	mittlerer Bomber; Daten für XB-43 in Klammern
Erstflug	6. Mai 1944 (17. Mai 1946)
Produktion	je zwei Exemplare
Verbleib	je eins eingelagert in Dayton (Nat. Mus. of the U.S. Air Force), zweite XB-42 abgestürzt, zweite XB-43 als Schießziel zerstört
Besatzung	3 (2)
Antrieb	zwei Allison V-1710-125 mit je 988 kW Leistung (zwei General Electric TG-180/ J35-GE-3 mit je 16,67 kN Schub)
Länge	16,36 m (15,6 m)
Spannweite	21,49 m (21,69 m)
Höhe	5,74 m (7,39 m)
Leermasse	9475 kg (9877 kg)
Startmasse	16194 kg (16783 kg)
Höchstgeschwindigkeit	660 km/h (829 km/h)
Reichweite	2985 km (1770 km)
Bewaffnung	3630 kg Bomben und vier 12,7 mm-MGs in den Tragflächen (2722 kg Bomben und zwei 12,7 mm-MGs in einem Heckturm)

Flug eines amerikanischen Jetbombers starten. Im Gegensatz zur XB-42 konnte die „Jetmaster"-Variante die Erwartungen nicht erfüllen, nicht zuletzt auch aufgrund des unzuverlässigen Antriebs. Den Zuschlag für eine Serienfertigung erhielt dann North American mit der nicht ganz so ausgefallenen B-45 Tornado. General Electric nutze die zweite XB-43 mit dem Spitznamen „Versatile II" noch für Tests des J47-Triebwerks. Zusammen mit dem Rumpf der XB-42A dämmerte sie viele Jahrzehnte im Lager des Smithsonian in Silver Hil vor sich hin. Seit Ende 2010 warten sie nun im National Museum of the United States Air Force auf eine Restaurierung. Die erste XB-43 als erster Jetbomber der USA endete unrühmlich als Schießziel in der Wüste. ◄

Die XB-43 Jetmaster war der erste Strahlbomber der USA.

EDO Aircraft OSE

USA

Statt immer nur Zulieferer zu sein wollte das Unternehmen endlich ein eigenes Flugzeug bauen. Der Erfolg hielt sich aber in Grenzen.

Die im US-Bundesstaat New York beheimatete Firma EDO Aircraft war bekannt für die Entwicklung und Produktion von Schwimmern für alle möglichen Flugzeugtypen. Der Firmengründer Earl Dodge Osborne träumte jedoch vom Bau eines eigenen Flugzeugs. Kurz nach Ende des Zweiten Weltkriegs ging sein Wunsch in Erfüllung: Die US Navy bestellte zwei Prototypen des einsitzigen Wasserflugzeugs OSE, das zur Beobachtung, U-Boot-Patrouille und Rettungsaufgaben von Kriegsschiffen aus eingesetzt werden sollte. Es besaß einen großen Schwimmer unter dem Rumpf und zwei kleinere Ausführungen unter den Flügeln zur Stabilisierung. Unter der Tragfläche konnte das Muster je zwei normale Bomben, Wasserbomben oder Rettungsbehälter mitführen. Zur Selbstverteidigung dienten zwei 12,7 mm-MGs. Der Jungfernflug erfolgte am 28. Dezember 1945.

EDO baute insgesamt acht Exemplare der XOSE-1, von denen einige zu Doppelsitzern umgerüstet wurden (Erstflug am 24. Juli 1947). Diese hatten mit Stabilitätsproblemen zu kämpfen und erhielten unter anderem ein vergrößertes Seitenleitwerk. Die Marine hatte sich allerdings mittlerweile auf den Einsatz von Hubschraubern für die schiffsgestützten Beobachtungsaufgaben verlegt und stornierte die Produktionsaufträge für die Serienversionen: das zweisitzige Beobachtungsflugzeug OSE-2 und den TE-2-Trainer. So musste EDO Aircraft wieder zu seiner Kernkompetenz zurückkehren, dem Bau von Schwimmern. ◂

Typ	Mehrzweck-Wasserflugzeug
Erstflug	28. Dezember 1945
Produktion	acht Exemplare
Verbleib	verschrottet
Besatzung	1
Antrieb	1 Kolbenmotor Ranger V-770-8 mit 410 kW Leistung
Länge	9,45 m
Spannweite	11,57 m
Höhe	4,55 m
Leermasse	1802 kg
Max. Startmasse	2751 kg
Höchstgeschwindigkeit	319 km/h
Reichweite	1400 km
Bewaffnung	zwei 12,7 mm-MGs, 320 kg Außenlasten

Fairey Ultra-Light Helicopter

Nicht nur die Größe, sondern auch der Antrieb des britischen Minihubschraubers war ungewöhnlich.

Obwohl in den 50er Jahren immer größere Fluggeräte das Licht der Welt erblickten, wollten die Briten einen vielseitig verwendbaren Winzling auf den Markt bringen: einen ultraleichten und einfach aufgebauten Hubschrauber. Um auf ein komplexes Getriebe verzichten zu können wählten die Ingenieure einen in Lizenz gebauten Verdichter aus Frankreich, der Luft in Düsen an den Blattspitzen blies und so den zweiblättrigen Rotor antrieb. Statt eines Heckrotors kamen Seitenleitwerke zum Einsatz, und die fast eiförmige Kabine bot dank der großzügigen Verglasung gute Sichtverhältnisse für die zweiköpfige Besatzung. Zur Erprobung für die britische Armee gab das zuständige Versorgungsministerium den Bau von vier Exemplaren in Auftrag. Fairey fertigte zwei weitere Maschinen auf eigene Kosten und hoffte nach dem Abkühlen des Interesses des Militärs auf Aufträge aus dem zivilen Markt, die jedoch nicht zustande kamen. Im Jahr 1959 gab das Unternehmen das Projekt auf, auch um Ressourcen für die ehrgeizige Rotodyne zu sparen. ◀

Typ	Kleinhubschrauber
Erstflug	14. August 1955
Produktion	sechs Exemplare
Verbleib	zwei in Museen: The Helicopter Museum (Weston-super-Mare), Midland Air Museum (Coventry)
Besatzung	2
Antrieb	ein Verdichter Blackburn Turbomeca Palouste BnPe.2
Länge	4,57 m
Rotordurchmesser	8,62 m
Höhe	2,49 m
Leermasse	434 kg
Max. Startmasse	816 kg
Reisegeschwindigkeit	153 km/h
Reichweite	290 km

Fairey Rotodyne

Trotz guter Leistungen konnte die Rotodyne weder die Politiker noch die Airlines letztendlich von ihren Vorzügen überzeugen und blieb ein Einzelstück.

Die Kombination aus Flugzeug und Hubschrauber klang nicht nur in den 50er Jahren besonders verlockend. Bei Fairey in Großbritannien entstand so ein „Convertiplane", das mit einer Kapazität von 40 Passagieren einen echten Nutzen haben sollte. Im Reiseflug lieferten die Tragflächen 60 Prozent des Auftriebs, der Rest kam vom sich in Autorotation befindlichen Rotor. Für den Vortrieb sorgten zwei Napier Eland in seitlichen Gondeln mit ihren Propellern. Die Turboprops waren auch für den Antrieb des Rotors verantwortlich: Ein Rohrsystem leitete ihre Abgase in die Düsen an den Blattspitzen. Dieses System ermöglichte gute Flugleistungen, sollte aber auch zum Scheitern des Programms beitragen: Fairey konnte den Lärm nicht auf ein zulässiges Maß reduzieren. Zu Beginn unterstützte der Staat das Projekt, und die Aussichten erschienen vielversprechend. Aber aus

Sparzwängen und politischen Gründen beendete man später die Finanzierung und machte weitere Förderungen von zivilen Aufträgen abhängig. British European Airways (BEA) zeigte zwar Interesse, forderte aber Garantien für niedrige Betriebskosten und Lärmwerte. Mittlerweile war Fairey in Westland aufgegangen und werkelte an einer vergrößerten Version für die Fluglinie. Hier stießen die Designer aber an die Grenzen der Eland-Triebwerke und erwogen den Umstieg auf Tyne-Turboprops. Dies trieb die Leermasse des Fluggeräts aber auch die Gesamtkosten weiter in die Höhe, bis die Regierung im Frühjahr 1962 jegliche Geldmittel stoppte. Da BEA wenig später den lebenswichtigen Auftrag aufgrund der Lärmproblematik verweigerte war die Rotodyne am Ende. Westland konnte und wollte die Kosten für die weitere Entwicklung nicht alleine tragen; die einzige gebaute Maschine wurde verschrottet. ◄

Typ	Verbundflugzeug
Erstflug	6. November 1957
Produktion	ein Exemplar
Verbleib	zerstört (einige Komponenten im Helicopter Museum in Weston-super-Mare)
Besatzung	2 plus 40 Passagiere
Antrieb	zwei Napier Eland 7 mit je 2100 kW Leistung
Länge	17,88 m
Spannweite	14,17 m
Rotordurchmesser	27,43 m
Höhe	6,76 m
Leermasse	9979 kg
Max. Startmasse	14 696 kg
Höchstgeschwindigkeit	307 km/h
Reichweite	720 km

Frankreich

Farman F.4X

Bei einem Wettbewerb um das hässlichste dreimotorige Flugzeug aller Zeiten bräuchte die F.4X mit Sicherheit keine Konkurrenz fürchten.

Mit ihren flachen Rumpfseiten und dem eher Schiffs-ähnlichen Bug war die Farman F.3X schon keine Schönheit, aber mit der folgenden F.4X setzten die Franzosen im Jahr 1923 noch einen drauf. Statt der bisherigen vier Reihenmotoren (jeweils in Paaren tandemartig angeordnet) kamen nun drei Sternmotoren zum Einsatz. Der dritte Salmson AZ.9 fand in der Mitte über den beiden anderen jeweils an Stummelflügeln befestigten Einheiten Platz. Der Pilot saß in luftiger Höhe in einem offenen Cockpit hinter dem mittleren Aggregat. Während die F.3X als Farman F.121 Jabiru (Storch) in Serie ging – wenn auch in überschaubaren Stückzahlen – blieb es bei der dreimotorigen Variante bei vier Exemplaren. Sie flogen im Jahr 1925 einige Monate im Liniendienst der Lignes Aériennes Farman, unter anderem auf der Route von Paris nach Zürich. Nach zwei Unfällen zog sie die firmeneigene Fluglinie aber schon bald wieder aus dem Verkehr. ◂

Typ	Verkehrsflugzeug
Erstflug	1923
Produktion	vier Exemplare
Verbleib	je zwei verunglückt und verschrottet
Besatzung	1 plus sechs Passagiere
Antrieb	drei Salmson AZ.9 mit je 220 kW
Länge	13,68 m (Daten für F.121)
Spannweite	19 m
Höhe	4,48 m
Leermasse	3000 kg
Max. Startmasse	5000 kg
Höchstgeschwindigkeit	225 km/h
Reichweite	650 km

Typ	Reiseflugzeug
Erstflug	20. Oktober 1946
Produktion	ca. 20 Exemplare
Verbleib	alle verschrottet
Besatzung	1 plus drei Passagiere
Antrieb	ein Lycoming O-435-A mit 140 kW Leistung
Länge	8,5 m
Spannweite	12 m
Höhe	2,4 m
Leermasse	920 kg
Startmasse	1350 kg
Höchstgeschwindigkeit	217 km/h
Reichweite	850 km

Fokker F.25 Promotor

Niederlande

Das ungewöhnliche Reiseflugzeug ging auf die Initiative eines Autohändlers zurück und konnte sich nicht am Markt durchsetzen.

Während des Zweiten Weltkriegs hatte der niederländische Autohändler Frits Diepen an einem einmotorigen Reiseflugzeug mit doppelten Leitwerksträgern und Druckpropeller gearbeitet, um aus seinem von Deutschland besetzten Land nach Großbritannien zu fliehen. Nach Kriegsende gab er bei Fokker die Entwicklung eines Viersitzers mit ähnlicher Auslegung in Auftrag, der über ein Bugfahrwerk verfügte und in der Kabine eine Sitzbank für drei Passagiere hinter dem Pilotensitz besaß. In relativ kurzer Zeit konnte der Flugzeugbauer die erste Maschine mit der Bezeichnung F.25 Promotor fertigstellen und ab Oktober 1946 erproben. Ungewöhnlicherweise sicherte sich Diepen die exklusiven Verkaufsrechte und bestellte selbst 100 Exemplare, die er für Charter- und Lufttaxi-Einsätze nutzen wollte. Dazu kam es jedoch nicht, da ehemalige Militärmaschinen aus dem Krieg den Markt überschwemmten und die F.25 preislich nicht konkurrieren konnte. Außerdem erwies sich das Muster als sehr empfindlich gegenüber Feuchtigkeit. Fokker stellte schließlich die Produktion im Jahr 1949 ein. Von den rund 20 gebauten Maschinen sollen wohl nur drei geflogen sein. ◄

USA

Goodyear Inflatoplane

Viel skurriler als ein aufblasbares Flugzeug geht es kaum noch. Wer anders als der Reifengigant Goodyear sollte einen Gummiflieger bauen?

Kein Holz oder Metall, nein, Rumpf, Tragfläche und Leitwerk bestanden aus einem gummiertem Nylongewebe und ließen sich innerhalb von sechs Minuten zu einem waschechten Flugzeug aufblasen. Laut Goodyear Aerospace sollte das fliegende Gummiboot in der Serienvariante mit 44-Kilowatt-Motor und 80-Liter-Tank 110 km/h schnell fliegen und fünf Stunden in der Luft bleiben. Außerdem konnte die Struktur sogar einige Geschosstreffer verkraften, da der Motor kontinuierlich Luft einblies. Ursprünglich hatten die US-Streitkräfte nach neuen Möglichkeiten zur Rettung abgestürzter Besatzungen gesucht. Daher begann die Luftfahrt-Abteilung des Reifenherstellers schon im Jahr 1955 mit der Entwicklung und sah neben den Rettungseinsätzen viele weitere Anwendungsmöglichkeiten, von Aufklärungsmissionen bis zur Zieldarstellung. Zusammengepackt in einem kleinen Container ließ sich das Inflatoplane sogar per Fallschirm abwerfen. Obwohl der Bau der Maschinen 1959 endete dauerte die Erprobung wohl noch bis in die 70er Jahre hinein. Zu einem Serienauftrag reichte es letztendlich nicht. Dafür kam ein Exemplar im September 1963 als allererstes Flugzeug in die Sammlung des Marinefliegermuseums der US Navy in Pensacola, Florida. ◂

Typ	Versuchsflugzeug
Erstflug	12. Februar 1957 (GA-447)
Produktion	rund zwölf Exemplare in verschiedenen Versionen
Verbleib	fünf Flugzeuge in Museen (meist eingelagert) Smithsonian, National Aviation Museum, Stonehenge Air Museum (Montana), Ohio Historical Society (Columbus), Franklin Institute (Philadelphia)
Besatzung	1 (Daten für GA-468)
Antrieb	ein Nelson H-63A mit 31 kW
Länge	6 m
Spannweite	6,7 m
Leermasse	102 kg
Max. Startmasse	249 kg
Höchstgeschwindigkeit	116 km/h
Reichweite	630 km

Grumman XF10F Jaguar

USA

Die F10F Jaguar sollte der erste in Serie produzierte Jet-Schwenkflügler der Welt werden, doch zahlreiche Probleme ließen sie in der Luft zum unberechenbaren Risiko werden.

Nach den ersten Pionierflügen fanden sich die Konstrukteure von Fluggeräten schon bald in einem Zwiespalt wieder: Ihre Flugzeuge sollten hohe Reisegeschwindigkeiten besitzen, aber bei Start und Landung langsam genug sein, um die benötigten Pisten nicht zu lang werden zu lassen. Die ausgeklügelten Auftriebshilfen wie wir sie heute kennen gab es noch nicht. Anfang der 30er Jahre kam erstmals die Idee auf, die Flügelgeometrie im Flug zu verändern. So hätte man für Start und Landung viel Fläche, und im Reiseflug weniger Luftwiderstand dank kleinerer Spannweite. Nach ersten Experimenten in der Sowjetunion kam das Thema wieder in Deutschland auf; allerdings konnte Messerschmitt die P 1101 mit ihrer am Boden verstellbaren Flügelstellung nicht mehr fertigstellen. Die Amerikaner brachten die Maschine später in die USA, wo sie als Basis für die Bell X-5 für die US Air Force diente. Aber auch die US Navy wollte auf diesem Gebiet nicht untätig bleiben. Ende 1947 hatte Grumman den Auftrag zur Entwicklung einer Variante der F9F Panther mit einer gepfeilten Tragfläche erhalten. Nach ersten Studien sollte es im Endeffekt auf einen kompletten Neuentwurf hinauslaufen. Um den Einsatz auf Flugzeugträgern zu gewährleisten hatten sich die Ingenieure zur Verwendung einer im Bereich von 13,5 bis 42,5 Grad schwenkbaren Tragfläche entschieden. Die nun als XF10F bezeichnete Maschine erhielt außerdem ein T-Leitwerk und Lufteinläufe an den Bugseiten. Bei den im Frühjahr 1952 in Edwards begonnenen Rollversuchen hob die Jaguar mehrfach vom Boden ab, die Hüpfer zählten aber offiziell nicht als Flüge. Die Erprobung blieb von Problemen und zahlreichen Zwischenfällen gekennzeichnet, wobei interessanterweise der Schwenkflügelmechanismus noch die wenigsten Schwierigkeiten machte. Das zu schwache und unzuverlässige Triebwerk sowie das Höhenleitwerk bereiteten der Testmannschaft die meisten Kopfschmerzen. Im April 1953 beendete die Navy das Programm nach nur 32 Flügen; die zweite Maschine wurde gar nicht erst fertiggestellt. ◄

Typ	Schwenkflügel-Kampfflugzeug
Erstflug	19. Mai 1952
Produktion	zwei Exemplare plus statische Testzelle
Verbleib	verschrottet
Besatzung	1
Antrieb	ein Westinghouse XJ40-WE-8 mit 30 kN Schub
Länge	17,01 m
Spannweite	11,18 bis 15,42 m
Höhe	4,95 m
Leermasse	9265 kg
Max. Startmasse	16 080 kg
Höchstgeschwindigkeit	1140 km/h
Reichweite	2690 km (geschätzt)
Bewaffnung	vier 20 mm-Kanonen plus Außenlasten (geplant)

Die XP-50 besaß im Gegensatz zur XF5F der Navy (unten) ein Bugfahrwek.

USA

Grumman XF5F/XP-50 Skyrocket

Mit einer atemberaubenden Steigleistung sollte der Jäger seinem Spitznamen Skyrocket alle Ehre machen, doch die „Himmelsrakete" hatte einfach zu viel Pfunde auf den Rippen.

In den 30er Jahren machte sich die US Navy Sorgen über die wachsende Kluft zwischen den Leistungen ihrer Trägerflugzeuge und denen der neuen landgestützten Jäger. Daher sollte ein neues Muster mit deutlich besserer Steigrate her. Mangels ausreichend starker Triebwerke kam deshalb nur ein zweimotoriges Muster in Frage. Grumman schickte daher im April 1938 seine XF5F-1 ins Rennen, die quasi nur aus zwei Sternmotoren zu bestehen schien. Die Tragfläche war vorne am Bug des kurzen Rumpfes angeordnet, was diesen Eindruck noch verstärkte. Im Frühjahr 1940 begann schließlich die Erprobung,

die recht gute Ergebnisse erzielte. Allerdings hatte der Entwurf mehr an Gewicht zugelegt als geplant, und vorgesehene Serienvariante wäre sogar noch schwerer geworden, weshalb die Marine Abstand von einem Produktionsauftrag nahm. Das Grumman-Management hatte diese Entscheidung schon befürchtet und versuchte, das Army Air Corps von einer Variante als Höhenjäger zu überzeugen. Die resultierende XP-50 besaß einen verlängerten Rumpf, neue Triebwerke und ein Fahrwerk mit Bugrad. Das Vorhaben hatte kurzzeitig Erfolg, die Generäle bestellten einen Prototyp als Rückfallposition für die geplante Weiterentwicklung der Lockheed P-38 Lightning. Die XP-50 absolvierte ihren Erstflug am 18. Februar 1941, ging aber schon am 14. Mai 1941 nach der Explosion eines Turboladers verloren. ◄

Typ	trägergestütztes Jagdflugzeug (XF5-1)
Erstflug	1. April 1940
Produktion	ein Exemplar
Verbleib	zerstört
Besatzung	1
Antrieb	zwei Wright XR-1820-40 mit je 895 kW Leistung
Länge	8,76 m
Spannweite	12,8 m
Höhe	3,45 m
Leermasse	3600 kg
Max. Startmasse	4955 kg
Höchstgeschwindigkeit	616 km/h
Reichweite	1800 km (geschätzt)
Bewaffnung	vier 12,7 mm-MGs

Gruschin Sch-Tandem

Das ungewöhnliche Fluggerät sollte die Eignung eines Tandemflügels für Kampfflugzeuge erforschen, scheiterte aber an zahlreichen Problemen.

Im Jahr 1938 erdachte der beim staatlichen Moskauer Luftfahrtinstitut tätige Ingenieur Pjotr Gruschin ein Schlachtflugzeug, das über zwei hintereinander angeordnete Tragflächen und einen großen Waffenturm im Heck verfügte. Er bezeichnete die Maschine als Schturmowik-Tandem, abgekürzt Sch-Tandem. Der hintere Flügel wies dasselbe Profil und 45 Prozent der Fläche der vorderen Ausführung auf. Das erste und einzige Exemplar entstand in der Lehrwerkstatt des Instituts und kämpfte mit seitlichen Stabilitätsproblemen, wie die Ende 1938 begonnene Erprobung zeigte. Hier sollten zusätzliche Flossen auf der Oberseite des hinteren Flügels Abhilfe schaffen. Außerdem litt der Tandemflügler unter mangelnder Leistung, da der ursprünglich geplante Antrieb nicht verfügbar war. Trotz aller Maßnahmen ließen sich die Schwierigkeiten nicht in den Griff bekommen, und so endete das Programm im Herbst 1939. ◄

Typ	Versuchsflugzeug
Erstflug	5. Dezember 1938
Produktion	ein Exemplar
Verbleib	vermutlich verschrottet
Besatzung	2
Antrieb	ein Tumanski M-87 mit einer Leistung von 706 kW
Länge	8,5 m
Spannweite	11 m
Höhe	3,55 m
Rüstmasse	2336 kg
Startmasse	3088 kg
Höchstgeschwindigkeit	488 km/h
Bewaffnung (geplant)	Waffenturm mit einem SchKAS-MG sowie vier SchKAS-MGS in der vorderen Tragfläche, 200 kg Bombenlast in einem internen Waffenschacht

Großbritannien

Handley-Page HP.42

Die Kombination von modernem Ganzmetallrumpf und antiquierten Doppeldecker-Design machte das britische Verkehrsflugzeug zu einer ungewöhnlichen Erscheinung.

Die Konstrukteure bei Handley-Page scheinen ein gewisses Faible für ungewöhnliche Entwürfe zu haben, so auch bei der HP.42, die aufgrund einer Forderung von Imperial Airways nach einem viermotorigen Verkehrsflugzeug aus dem Frühjahr 1928 entstand. Um den Passagieren das Einsteigen zu erleichtern sollte der aus Metall bestehende Rumpf so niedrig über dem Boden liegen wie möglich. Da man dem Doppeldecker-Prinzip treu blieb ragte der obere Flügel an langen Streben hoch über den Rumpf hinaus. So ließen sich die vier Motoren versetzt übereinander anbringen. Die erste von acht Maschinen ging – auf den Namen „Hannibal" getauft – Anfang Juni 1931 an die Airline, einen Tag nach der offiziellen Zulassung. Imperial Airways betrieb zwei Varianten, die sich durch ihre Motorisierung unterschieden: die ursprüngliche Version für Langstreckenflüge nach Indien und Südafrika, sowie eine Ausführung für innereuropäische Routen (firmeninterne Bezeichnung HP.45). Aufgrund ihrer veralteten Auslegung bot die HP.42 zwar keine Geschwindigkeitsvorteile gegenüber ihren stoffbespannten Vorgängern, konnte aber eine mehr als dreimal so große Nutzlast befördern. Außerdem erwies sie sich im Vergleich zu anderen Typen als sehr sicher. Bis zum Beginn des Zweiten Weltkriegs legte die Flotte insgesamt 3,7 Millionen Kilometer zurück, ohne dass ein Passagier ums Leben gekommen ist. Während des Krieges dienten die Flugzeuge dann als Transporter bei der Royal Air Force, überlebten den Einsatz jedoch nicht. ◄

Typ	Verkehrsflugzeug
Erstflug	14. November 1930
Produktion	acht Exemplare
Verbleib	keines erhalten geblieben
Besatzung	4 plus bis zu 24 Passagiere (HP.45 38 Passagiere)
Antrieb	vier Bristol Jupiter XI mit je 370 kW Leistung (HP.45 vier Bristol Jupiter XFMB mit je 414 kW)
Länge	28,1 m
Spannweite	39,62 m
Höhe	8,2 m
Leermasse	8050 kg
Max. Startmasse	12 700 kg (HP.45 13 760 kg)
Höchstgeschwindigkeit	193 km/h (HP.45 204 km/h)
Reichweite	805 km

Handley-Page HP.115

Großbritannien

Das Forschungsflugzeug leistete wichtige Vorarbeit für die Entwicklung der Concorde.

Mitte der 50er Jahre konkretisierten sich in Großbritannien die Pläne für ein überschallschnelles Verkehrsflugzeug. Ein schlanker Deltaflügel schien eine attraktive Lösung für hohe Fluggeschwindigkeiten zu bieten, galt aber als problematisch im Langsamflug. Um in diesem Bereich Erfahrung zu sammeln gab die Regierung 1959 bei Handley-Page den Bau eines speziellen Forschungsflugzeuges in Auftrag. Die resultierende HP.115 besaß einen um 74,7 Grad gepfeilten Deltaflügel mit einem Viper-Triebwerk auf dem Rumpfrücken und einen nach unten gewölbten Bug, um Platz für das Cockpit zu schaffen, sowie ein starres Fahrwerk. Trotz der extrem gepfeilten Tragfläche zeigte der Jet recht gutmütige Flugeigenschaften und steuerte wertvolle Daten für die Entwicklung der späteren Concorde bei. Im Gegensatz zu vielen anderen Experimentalfluggeräten blieb er viel länger als geplant in Dienst. Erst am 1. Februar 1974 absolvierte er seinen letzten Flug. ◀

Typ	Forschungsflugzeug
Erstflug	17. August 1961
Produktion	ein Exemplar
Verbleib	Fleet Air Arm Museum, Yeovilton
Besatzung	1
Antrieb	ein Bristol Siddeley Viper BSV.9 mit 8,5 kN Schub
Länge	13,72 m
Spannweite	6,1 m
Höhe	3,89 m
Leermasse	1668 kg
Max. Startmasse	2300 kg
Höchstgeschwindigkeit	400 km/h
Max. Flugdauer	40 Minuten

Handley-Page W.8e

Zwei verschiedene Antriebsmodelle an einem Flugzeug sind der Alptraum jeder Betriebsabteilung. Aber mit der Sicherheit von drei Motoren flogen die Maschinen der Sabena die 6000 Kilometer lange Strecke von Brüssel nach Kinshasa.

Nach dem Ende des Ersten Weltkriegs konzentrierte sich der Bomber-Spezialist Handley-Page auch auf Verkehrsflugzeuge. Da die Leistungen der zu Airlinern umgerüsteten O/400 zu wünschen übrig ließen entstand im Jahr 1919 der zweimotorige Typ W, der unter anderem deutliche Geschwindigkeitsvorteile bot. Zu den Kunden gehörte auch die belgische Fluglinie Sabena, die sich für ihre Route in den Kongo die Zuverlässigkeit einer dreimotorigen Maschine wünschte. Die Ingenieure installierten kurzerhand in der W.8e einen deutlich stärkeren Eagle-Motor im Bug als Ergänzung zu den beiden Puma-Antrieben. Das belgische Unternehmen SABCA baute das Muster später in Lizenz. Insgesamt beschaffte die Sabena elf Exemplare der W.8e. ◄

Typ	Verkehrsflugzeug
Erstflug	25. April 1924
Produktion	elf Exemplare
Verbleib	keines erhalten geblieben
Besatzung	2 plus zwölf Passagiere
Antrieb	zwei Siddeley Puma mit je 180 kW und ein Rolls-Royce Eagle IX mit 270 kW Leistung
Länge	13,38 m
Spannweite	22,9 m
Höhe	5,18 m
Leermasse	3900 kg
Max. Startmasse	5900 kg
Höchstgeschwindigkeit	166 km/h
Reichweite	805 km

Heinkel He 111 Z

Deutschland

Die Zwillings-Ausführung des He-111-Bombers sollte schwere Lastensegler in die Luft bringen und bekam dazu noch einen fünften Motor.

Auf der Suche nach einem geeigneten Schleppflugzeug für den riesigen Lastensegler Messerschmitt Me 321 kam die Idee auf, einfach zwei Heinkel He 111 miteinander zu kombinieren. Also fügten die Ingenieure zwei komplette Maschinen zusammen, indem sie die äußeren Flügelsektionen auf der linken beziehungsweise rechten Seite der Bomber durch ein gemeinsames Mittelstück ersetzten, das sogar noch einen weiteren Jumo-Motor erhielt. Mit nunmehr fünf Triebwerken verfügte das Monster nun über genug Kraft. Die Steuerung erfolgte vom linken Cockpit aus, während die Besatzung im rechten Führerstand vor allem für die Navigation zuständig war. Die Erprobung der beiden Versuchsflugzeuge im Herbst 1941 lieferte recht gute Ergebnisse, so dass zehn weitere Exemplare der He 111 Zwilling entstanden. Sie kamen aber nur recht eingeschränkt zum Einsatz.

Typ	Schleppflugzeug
Erstflug	Ende 1941
Produktion	zwölf Maschinen
Verbleib	alle zerstört
Besatzung	7
Antrieb	fünf Junkers Jumo 211 F-2 mit je 993 kW Leistung
Länge	16,4 m
Spannweite	35,4 m
Höhe	3,93 m
Leermasse	21 500 kg
Max. Startmasse	28 600 kg
Höchstgeschwindigkeit	435 km/h
Bewaffnung	eine 20 mm-Kanone sowie mehrere MGs zur Selbstverteidigung

Hiller X-18

Das Prinzip eines kippbaren Flügels sollte die auf der Basis eines Transporters entstandene X-18 nachweisen. Allerdings konnte sie keinen senkrechten Start oder Landung verbuchen.

In den 50er Jahren plante die US Air Force nicht nur die Einführung von senkrecht startenden Kampfflugzeugen, sondern dachte auch an entsprechende Transporter. Daher gaben die Generäle diesbezügliche Studien in Auftrag. Im Gegensatz zu anderen Entwürfen setzten die Ingenieure bei Hiller nicht auf Rotoren sondern auf normale Propeller. Statt den Antrieb zu schwenken ließ sich die gesamte Tragfläche mit Hilfe von zwei hydraulischen Stellzylindern um 90 Grad nach unten kippen. Zwei mächtige aber berüchtigte XT40-Turboprops von Allison trieben jeweils zwei gegenläufige Luftschrauben mit einem Durchmesser von 4,8 Metern an. Zur Stabilisierung im Schwebeflug diente ein Schubdüse am Heck des ungewöhnlichen Fluggeräts, die von einem eigenen J34-Jettriebwerk von Westinghouse gespeist wurde. Im Winter 1956 bekam Hiller schließlich grünes Licht für den Bau des Versuchsflugzeugs. Um Kosten zu sparen nutzte man die ausgediente Zelle des YC-122-Transporters von Chase Aircraft und die Antriebe der Navy-Senkrechtstarter XFY-1 und XFV-1. Nach einem ersten Hopser am 20. November 1959 folgte vier Tage später der offizielle Jungfernflug. Nach einem Beinah-Absturz am 4. November 1960 endete die Erprobung vorzeitig. Obwohl bei den nur 20 durchgeführten Flügen die Tragfläche nicht voll geschwenkt wurde lieferte das Programm wertvolle Erkenntnisse über die Eigenschaften eines Kippflüglers. ◂

Typ	Forschungsflugzeug
Erstflug	24. November 1959
Produktion	ein Exemplar
Verbleib	verschrottet
Besatzung	2–3
Antrieb	zwei Allison XT40-A-14 mit je 4360 kW Leistung plus ein Westinghouse J34 mit 15 kN
Länge	19 m
Spannweite	15 m
Höhe	7,3 m
Leermasse	12 271 kg
Max. Startmasse	14 969 kg
Höchstgeschwindigkeit	407 km/h
Reichweite	360 km

Horten IX

Deutschland

Wie kaum ein anderer Typ verdeutlichte der Nurflügel-Jet die Fortschritte, den die Luftfahrttechnik in Deutschland während des Zweiten Weltkriegs gemacht hatte. Als eines der wenigen Projekte schaffte es wenigstens ein Flugzeug in die Luft.

Für die amerikanischen Soldaten mussten die Flugmaschinen, die sie in einer Halle in Friedrichsroda vorfanden, wie Requisiten aus einem Science-Fiction-Film angemutet haben. Sie besaßen keinerlei Leitwerke oder Propeller, und sahen so anders als alle anderen damals bekannten Flugzeuge. Sie sollten die Krönung des Schaffens der Nurflügel-Pioniere Reimar und Walter Horten sein. Noch in den letzten Kriegsmonaten plante man die Serienfertigung des Horten IX genannten Entwurfs bei Gotha als Go 229. Allerdings kamen nur zwei Maschinen zur Fertigstellung. Die V1 als Segler ohne eigenen Antrieb flog erstmals am 28. Februar 1944 und zeigte allgemein recht gute aerodynamische Eigenschaften. Daraufhin machten sich die Brüder an den Bau der mit Turbojets ausgestatteten V2, die schließlich Mitte Dezember 1944 ihren Jungfernflug absolvierte. Aufgrund eines Triebwerksausfalls stürzte die Maschine jedoch ab, Pilot Erwin Ziller kam dabei ums Leben. Die Arbeiter konnten bei Gotha die sich im Bau befindlichen Prototypen V3 bis V6 bis Kriegende nicht mehr fertig stellen. Der dritte Jet war noch am weitesten fortgeschritten und kam zur Untersuchung in die USA. ◂

Typ	Jagdflugzeug
Erstflug	Mitte Dezember 1944 (Horten IX V2)
Produktion	nur zwei von sechs Exemplaren fertiggestellt
Verbleib	nur die Horten IX V3 ist erhalten geblieben und im Steven F. Udvar-Hazy Center, Virginia, ausgestellt
Besatzung	1
Antrieb	zwei Junkers Jumo 004 B-2 mit je 8,85 kN Schub
Länge	7,47 m
Spannweite	16,8 m
Höhe	2,81 m
Leermasse	5067 kg
Max. Startmasse	8999 kg
Höchstgeschwindigkeit	977 km/h (geschätzt)
Reichweite	1900 km (geschätzt)
Bewaffnung	u. a. vier Maschinenkanonen (geplant)

USA

Hughes XH-17

So hoch wie ein Mehrfamilienhaus, Schubdüsen mit „Nachbrennern" in den Rotorblättern: Nicht nur damals galt der XH-17 als technisches Wunderwerk. Der Rotordurchmesser von rund 40 Metern ist bis heute unübertroffen.

In den 40er Jahren steckte die Hubschrauber-Entwicklung noch in den Kinderschuhen. Trotzdem wollte die Kellett Autogiro Corporation für die US Air Force einen selbst nach heutigen Maßstäben riesigen Kranhubschrauber bauen. Dazu erdachten sie einen gigantischen Zweiblattrotor mit Düsen in den Spitzen, gespeist von zwei aus dem J35-Strahltriebwerk abgeleiteten Gasgeneratoren. In die Düsen wurde zusätzlich Kraftstoff eingespritzt, um den Schub zu erhöhen. Die Konstruktion des Prototyps erwies sich aber als zu groß für die in finanzielle Schwierigkeiten geratene Firma, so dass Hughes Aircraft das Projekt 1948 aufkaufte und nach Kalifornien verlegte. Dort entstand ein wahres Monstrum: An den Seiten der von einer Waco CG-15 stammenden Kabine waren die unverkleideten Turbojets angebracht, deren Abgase zum großen Teil in die jeweils rund 2200 Kilogramm schweren und 30 Zentimeter dicken Rotorblätter geleitet wurden. Für den Drehmomentausgleich sorgte ein im Vergleich zierlicher Heckrotor einer Sikorsky H-19 an einem Stahlrohrausleger. Hier brauchten die Ingenieure auch ein steuerbares Höhenruder an. Das stelzenförmige Fahrwerk bestand aus vier weit auseinanderliegenden Streben mit großen Rädern (die man sich von der B-25 Mitchell und der C-54 Skymaster lieh), so dass sich unter dem Rumpf auch sperrige Lasten befördern ließen. Am 16. September 1952 machte Testpilot Gale Moore einen ersten Hüpfer. Obwohl die erreichte Höhe nur im Zentimeter-Bereich lag, zeigten sich schon einige Steuerprobleme. Dagegen verlief der offizielle Erstflug mit zahlreichen Pressevertretern und natürlich Howard Hughes persönlich einen Monat später recht erfolgreich. Trotzdem endete das viel zu aufwendige Projekt im Jahr 1955. An einen praktischen Einsatz war angesichts der Reichweite von unter 50 Kilometern und einer projektierten Lebensdauer der Rotorblätter von zehn Stunden nicht zu denken. ◄

Typ	Kranhubschrauber
Erstflug	23. Oktober 1952
Produktion	ein Exemplar
Verbleib	verschrottet
Besatzung	3
Antrieb	zwei Gasgeneratoren General Electric 7E-TG-180-XR-17A mit jeweils einer umgerechneten Leistung von rund 1300 kW
Länge	16,25 m
Rotordurchmesser	39,62 m
Höhe	9,17 m
Leermasse	12 956 kg
Max. Startmasse	19 731 kg
Höchstgeschwindigkeit	140 km/h
Reichweite	48 km

Iljuschin Il-20

Sowjetunion

Um die Sicht des Piloten bei Angriffen zu verbessern setzte ihn Iljuschin bei der Il-20 auf den Motor, aerodynamisch nicht gerade eine glückliche Wahl.

Nach dem immensen Erfolg der Il-2 im Zweiten Weltkrieg arbeitete das Konstruktionsbüro von Sergej Iljuschin an einem Nachfolger des legendären Schlachtflugzeuges und entwickelte zunächst die leicht verbesserte Il-10. Mit der Verfügbarkeit stärkerer Antriebe nach dem Krieg wuchsen auch die Möglichkeiten der Designer, und so entwarfen sie ein deutlich schweres Flugzeug mit einem ungewöhnlichen Merkmal: Sie ordneten das gepanzerte Cockpit direkt über dem Motor an, um dem Piloten die bestmögliche Sicht auf seine Ziele zu bieten. Ein zweites Besatzungsmitglied bediente den nach hinten gerichteten Waffenturm. Allerdings erhöhte der Führerraum den Luftwiderstand deutlich und erschwerte die Zugänglichkeit des Triebwerks zur Wartung. Insgesamt blieben die Flugleistungen hinter denen des Vorgängers zurück, so dass die Maschine ein Einzelstück blieb. ◀

Typ	Erdkampfflugzeug
Erstflug	5. Dezember 1948
Produktion	ein Exemplar
Verbleib	verschrottet
Besatzung	2
Antrieb	ein Mikulin AM-47F mit 2200 kW Leistung
Länge	12,59 m
Spannweite	17 m
Höhe	4,1 m
Leermasse	7535 kg
Max. Startmasse	9820 kg
Höchstgeschwindigkeit	515 km/h
Reichweite	1680 km
Bewaffnung	fünf 23 mm-Kanonen (eine im Turm, vier in der Tragfläche) plus 1190 kg Außenlasten

Jakowlew Jak-36

Aller Anfang ist schwer: Der erste Senkrechtstarter der UdSSR verbuchte zum Beginn seiner Karriere Flughöhen im Zentimeter-Bereich, zeigte aber im Jahr 1967 eine eindrucksvolle Vorführung auf der Flugschau in Domodedowo.

Auch vor der Sowjetunion machte der Trend zu Senkrechstartern in den späten 50er Jahren nicht halt. Alexander Jakowlew war besonders von der Idee fasziniert und ließ in seinem Konstruktionsbüro entsprechende Studien durchführen. Die dem späteren Harrier aus Großbritannien ähnliche Jak-V (für „Vertikal") mit ihren vier schwenkbaren Schubdüsen ließ sich aber mangels geeigneten Triebwerks nicht verwirklichen. Stattdessen setzen die Ingenieure auf die Verwendung eines bestehenden Antriebs mit drehbarer Abgasdüse. Anfang 1961 nahm das Projekt schließlich Form an. Die Wahl fiel auf das R-27-300, von dem zwei Exemplare jeweils mit hydraulisch um 95 Grad schwenkbarer Düse zum Einsatz kamen. Sie waren nebeneinander im vorderen Teil platziert, so dass sich die Schubdüsen auf der Höhe des Massenschwerpunktes befanden. Die nun als Jak-36 bezeichnete Maschine erhielt einen Rumpf mit abgeflachter Unterseite und Lufteinlauf im Bug sowie eine kleine, deltaförmige Tragfläche. Das Fahrwerk bestand aus hintereinander unter der Rumpfmitte angeordneten Rädern sowie seitliche Stützräder unter den Flügelenden. Die Herausforderung der Steuerung im Schwebeflug wollten die Konstrukteure mit Düsen an den Randbögen und im Heck lösen, die mit Zapfluft aus den beiden Turbojets über Rohrleitungen gespeist wurden. Zur Erhöhung der Längsstabilität musste allerdings noch eine Düse im vorderen Bereich her, die man kurzerhand in einem langen Rohr am Bug unterbrachte, was zur kuriosen Erscheinung des Jets beitrug.

Im Herbst 1962 war die erste von vier Maschinen (zwei fliegende Prototypen plus je eine Zelle für Bodenversuche und statische Tests) fertig, und die Erprobung in Shukowski konnte beginnen. Zunächst standen Schwebetests auf dem Programm, bei dem die Jak-36 an einem Seil befestigt blieb. Aber sie wollte einfach nicht abheben! Die Triebwerke saugte die eigenen, vom Boden reflektierten Abgase ein und verlor so massiv an Schub. Leitbleche unter dem Rumpf sorgten für Abhilfe, und am 9. Januar 1963 startete der Jet endlich, wenn auch nur 50 Zentimeter hoch. Die Schubsteuerung erwies sich als problematisch, und so dauerte es fast ein halbes Jahr bis zum ersten freien Schwebeflug, der allerdings auch unter der Ein-Meter-Marke blieb. Der erste konventionelle Flug erfolgte am 27. Juli 1964 mit dem zweiten Prototyp. Langsam machte das Programm Fortschritte, und am 24. März 1966 konnte man endlich einen kompletten Zyklus mit Senkrechtstart, Übergang in den Reiseflug und anschließender Senkrechtlandung demonstrieren. Trotz des Vorstoßes in bisher unbekannte Bereiche mussten die Piloten das eigens entwickelte automatische Schleudersitzsystem nicht in Anspruch nehmen, selbst bei den Versuchen auf dem Hubschrauberträger „Moskwa" nicht. Ein Triebwerksausfall hätte nämlich dazu geführt, dass das Flugzeug sofort auf die Seite rollt; die Reaktionszeit des Piloten lag in diesem Fall unter zwei Sekunden. ◄

Typ	Senkrechtstart-Versuchsflugzeug
Erstflug	27. Juli 1964
Produktion	vier Exemplare
Verbleib	Maschine für Bodenversuche im Museum in Monino (Nummer 36), zweiter Prototyp (38) nach harter Landung im Jahr 1971 abgeschrieben, Rest vermutlich verschrottet
Besatzung	1
Antrieb	zwei Tumanski R-27-300 mit je 51,96 kN Schub
Länge	16,75 m
Spannweite	7,4 m
Höhe	4,5 m
Leermasse	5290 kg
Max. Startmasse	8900 kg
Höchstgeschwindigkeit	900 km/h
Reichweite	370 km

Jakowlew Jak-1000

Schon mit dem bloßen Auge lassen sich die Stabilitätsprobleme erahnen, die eine Flugerprobung der Jak-1000 zu einem Himmelfahrtskommando gemacht hätten.

Wenn es um ausladende Spannweiten geht stellt die Jak-1000 mit ihren 4,52 Metern sicherlich einen Minusrekord auf. Irgendwie wirkte sie wie ein Rohr mit zierlichem Stummelflügel und einem vorne eingepflanzten Cockpit. Das Fahrwerk bestand aus zwei hintereinander unter dem Rumpf angeordneten Rädern mit ausfahrbaren Stützen mit Minirädern unter der Tragfläche. Das Jakowlew-Konstruktionsbüro entwickelte den Jet Ende der 40er Jahre und strebte eine Höchstgeschwindigkeit von Mach 1.65 an. Damit wäre der Entwurf mit der ungewöhnlichen Typennummer zum ersten Überschalljet der Sowjetunion geworden. Da das ursprünglich eingeplante einheimische Triebwerk nicht zur Verfügung stand, kam eine nachgebaute Ausführung des britischen Rolls-Royce Derwent zum Einsatz. Das aerodynamische Institut ZAGI führte ausgiebige Windkanaltest mit einem Modell in Originalgröße durch.

Als 1951 in Shukowski die ersten Rollversuche begannen zeigte sich bei höheren Geschwindigkeiten eine gefährliche Instabilität, die sogar zum Bruch eines Stützrads führte. Aus Sicherheitsgründen verzichtete man auf einen Flug; stattdessen arbeiteten die Ingenieure an

einem verbesserten Fahrwerk. Gleichzeitig wuchsen die Zweifel an der Stabilität des Entwurfs. Schließlich gab Jakowlew das Projekt auf, und die Suche nach einem für Überschallgeschwindigkeiten ausgelegten Flügel ging weiter. Obwohl die Jak-1000 nie geflogen ist, lieferte sie doch wertvolle Erkenntnisse für die Entwicklung künftiger Typen. ◄

Typ	Versuchsflugzeug
Erstflug	–
Produktion	ein Exemplar
Verbleib	verschrottet
Besatzung	1
Antrieb	1 Klimow RD-500 (Rolls-Royce Derwent) mit 15,9 kN Schub
Länge	11,69 m
Spannweite	4,52 m
Höhe	2,95 m
Masse	2510 kg

Junkers Ju 287

Trotz vieler Schwierigkeiten entstand mitten in den Wirren des Zweiten Weltkriegs bei Junkers ein einzigartiges Flugzeug mit nach vorne gepfeilten Tragflächen.

Während des Zweiten Weltkriegs leisteten die deutschen Aerodynamiker wichtige Pionierarbeit auf dem Gebiet gepfeilter Tragflächen und erdachten auch Flugzeuge mit nach vorne gepfeilten Flügeln. Bei Junkers entstand im Frühjahr 1943 die als Fotoaufklärer geplante, zweistrahlige EF 116, die jedoch wenige Monate später in den Entwurf für einen größeren, viermotorigen Bomber umgemünzt wurde. Da aber die vorgesehen Jumo-004-C-Triebwerke für die bald als Ju 287 bezeichnete Maschine nicht verfügbar waren, schwenkten die Konstrukteure auf die Verwendung von vier Jumo 004 B-1 um, je zwei unter der Tragfläche und an den vorderen Rumpfseiten. Aus Zeit- und Ressourcenmangel griffen sie beim Bau auf Komponenten anderer Muster zurück: So stammte der vordere Rumpf von einer Heinkel He 177, das Heck von einer Ju 188 und das Seitenleitwerk von einer Ju 388. Das Fahrwerk lieh man sich kurzerhand von einer erbeuteten B-24 Liberator der Amerikaner. Trotz zunehmender Bombenangriffe der Alliierten konnte der ungewöhnliche Jet unbehelligt am 8. August 1944 zu seinem Jungfernflug starten. Die anschließenden Einsätze zeigten grundsätzlich gute Flugleistungen, aber die Erprobung endete schon im folgenden September aufgrund der immer kritischer werdenden Kriegslage. Kurz vor Ende des Krieges wollte man das Projekt wieder reaktivieren, aber die US-Truppen waren schon zu nah. Obwohl deutsche Soldaten im April 1945 die beiden gebauten Versuchsmuster sprengten, brachten sowjetische Truppen die Überreste zu weiteren Forschungen in die UdSSR. Dort entstand später die weiterentwickelte EF 131, die bis zum Herbst 1947 mehrere Flüge durchführte. ◄

Typ	Jet-Bomber
Erstflug	8. August 1944
Produktion	zwei Exemplare
Verbleib	zerstört
Besatzung	2
Antrieb	vier Junkers Jumo 004 B-1 mit je 8,83 kN Schub
Länge	19,5 m
Spannweite	19,22 m
Höhe	4,97 m
Leermasse	12 510 kg
Startmasse	17 200 kg
Höchstgeschwindigkeit	550 km/h

Kalinin K-7

Der siebenmotorige Bomber sollte neue Bestmarken aufstellen, aber technische Probleme sorgten für ein unrühmliches Ende.

Und sie fliegt doch: Als Konstatin Kalinin mit der Entwicklung der viermotorigen K-7 begann gab es keine Triebwerke, die stark genug waren, um den Riesen in die Luft zu bringen. So musste er noch drei zusätzliche Motoren unterbringen – einen davon ungewöhnlicherweise in der Mitte der Flügelhinterkante. Das sowjetische Luftfahrtministerium erteilte schließlich den Auftrag zum Bau einer Maschine, die im Wesentlichen aus einem gigantischen, elliptisch geformten Flügel bestand. Die Tragflächentiefe betrug 10,6 Meter, die Dicke bis zu 2,33 Meter. Erste Bodenversuche im Sommer 1933 zeigten, dass die beiden Heckausleger, an denen das Leitwerk befestigt war, in Schwingung gerieten und entsprechende Verstärkungen erforderten. Am 11. August 1933 hob die K-7 trotz aller Unkenrufe erstmals ab. Allerdings bekamen die Ingenieure die Vibrationen nicht in den Griff, und beim neunten Flug am 21. November 1933 brach der rechte Heckausleger, und das monströse Fluggerät stürzte ab; von den 20 Personen an Bord überlebten nur fünf. Trotzdem arbeitete Kalinin bis zur Aufgabe des Programms im Jahr 1935 an verbesserten Versionen, aber zu diesem Zeitpunkt war der Entwurf schon hoffnungslos veraltet. ◂

Typ	schwerer Bomber
Erstflug	11. August 1933
Produktion	ein Exemplar
Verbleib	abgestürzt
Besatzung	11
Antrieb	sieben Mikulin AM-34F mit je 560 kW Leistung
Länge	28,18 m
Spannweite	53 m
Höhe	12,4 m
Leermasse	24 400 kg
Max. Startmasse	46 500 kg
Höchstgeschwindigkeit	205 km/h
Reichweite	3030 km (geplant)
Bewaffnung	10 t Bombenlast, drei 20 mm-Kanonen und mehrere MGs

Kalinin K-12

Sowjetunion

Das schwanzlose Kampfflugzeug K-12 war die letzte Konstruktion von Kalinin, der einer politischen Intrige zum Opfer fiel.

Ein Faible für ungewöhnliche Entwürfe kann man Konstatin Kalinin mit Sicherheit nicht absprechen. Der riesigen K-7 folgte der Versuch, ein schwanzloses Kampfflugzeug für die Rote Armee zu entwickeln. Diese Konfiguration versprach bessere Flugleistungen und bot die Möglichkeit, zur Selbstverteidigung einen Waffenturm im Heck einzubauen. Nach verschiedenen Tests im Windkanal und der Erprobung eines Segelflugzeugs in halber Größe durfte Kalinin in Woronesch den Prototyp der K-12 in voller Größe bauen. Nach dem Erstflug im Juli 1936 stand die offizielle Bewertung an, die einige Stabilitätsprobleme an den Tag brachte und mit der Verweigerung der Abnahme endete. Gleichzeitig ließ man Kalinin kaltstellen. Trotzdem nahm die K-12 in einer spektakulären gelb-roten Lackierung an der Luftparade über Moskau-Tuschino im Jahr 1937 teil, sehr zum Missfallen der politischen Gegner Kalinins. Der Auftritt brachte die Führung dazu, die Wiederaufnahme der Abnahmetests und den Beginn der Serienfertigung zu befehlen, aber Kalinins Feinde ließen ihn wenig später wegen angeblicher Spionage verhaften und erschießen. Damit hatte die K-12 als Werk eines „Feinds des Volkes" natürlich auch keine Zukunft mehr. ◂

Typ	Kampfflugzeug
Erstflug	Herbst 1936
Produktion	ein Exemplar
Verbleib	verschrottet
Besatzung	3
Antrieb	zwei Schwezow M-22 mit je 324 kW Leistung
Länge	10,32 m
Spannweite	20,95 m
Leermasse	3070 kg
Max. Startmasse	4200 kg
Höchstgeschwindigkeit	219 km/h
Reichweite	700 km
Bewaffnung	500 kg Bomben, zwei 7,62 mm-MGs

Kamow Ka-22 „Wintokryl"

Das beste beider Welten wollte Chefkonstrukteur Nikolai Iljitsch Kamow bei der Ka-22 vereinen: Die Fähigkeit von Hubschraubern, senkrecht starten und landen zu können, mit der Zuladung, Reichweite und Geschwindigkeit von Flugzeugen. Mit dem Entwurf betrat die Sowjetunion technologische Neuland, was sich später bitter rächen sollte.

Wie ein konventionelles Flugzeug erhielt das passenderweise „Wintokryl" (wörtlich übersetzt „Schraub-Flügel") genannte Muster eine normale Tragfläche. An deren Enden ordneten die Designer je ein Wellenleistungstriebwerk an, setzten aber je einen Rotor wie bei einem Hubschrauber oben drauf. Der Clou: ein Getriebe verband beide Komponenten miteinander. Zum Start gab der Pilot die gesamte Leistung auf die Rotoren und erst für den Übergang in den Geradeausflug steigerte er über eine spezielle Kupplung den Anteil der Propeller. Im Reiseflug liefen die Rotoren dann in Autorotation, um für zusätzlichen Auftrieb und gleichzeitig möglichst wenig Widerstand zu sorgen. Der Rumpf entsprach von den Dimensionen her ungefähr dem der Antonow An-12 und erlaubte sogar den Transport von Fahrzeugen bis hin zu leichten Panzern, die über eine Rampe durch die aufklappbaren Bugtore unterhalb des Cockpits in den geräumigen Frachtraum fahren konnten.

Bei allen Vorteilen war viel Forschung nicht nur bei der Entwicklung der Rotorblätter und der Steuerung nötig, um schädliche Schwingungen zu vermeiden und einen optimalen Übergang zwischen Senkrecht- und Geradeausflug zu gewährleiten. Auf einem Prüfstand testeten die Ingenieure sogar eine komplette Antriebseinheit samt Rotor und Propeller, während ein Mi-4-Hubschrauber von Mil die Rotorblätter im Flug erprobte. Am 17. Juni 1959 erhob sich die Ka-22 schließlich erstmals in die Luft, zur Sicherheit noch an einem Seit befestigt. Erst am 15. August 1959 war es dann soweit: Unter der Führung von Cheftestpilot Dimitri Konstantinowitsch Jefremow startete die „Wintokryl" zu ihrem ersten freien Flug. Trotz aller Freude zeigten sich schon bald gravierende Probleme bei der Flugsteuerung, die weitere Entwicklungsarbeit erforderte. Schließlich hatte man knapp zwei Jahre später genug Vertrauen in die Konstruktion, um sie das erste (und auch einzige) Mal der Öffentlichkeit zu präsentieren: Auf der Flugschau in Moskau-Tuschino am 9. Juli 1961 sorgte das ungewöhnliche Muster für viel Aufsehen. Die NATO klassifizierte es als Hubschrauber und wies ihm den Codenamen „Hoop" zu. Im Oktober und November 1961 stellte Jefremow mit der Ka-22 acht Weltrekorde auf, wie für die absolute Geschwindigkeit für Hubschrauber mit 356 km/h und für den Transport einer Nutzlast von 16 485 kg auf eine Höhe von 2000 Metern. Letzterer ist in seiner Klasse sogar heute noch gültig. Danach wurde es sehr still um die Ka-22. Im Westen vermutete man daher, dass es bei einem kuriosen Einzelstück geblieben war. Erst mit dem Ende des Kalten Krieges wurden neue Details bekannt: Nachdem das Kamow-Team die Probleme langsam in den Griff zu bekommen schien gab die sowjetische Führung im Juli 1960 den Auftrag zum Bau drei weiterer Exemplare. Bei dem Überführungsflug von der Fabrik in Taschkent nach Moskau am 28. August 1962 brach beim ersten Prototyp eine Steuerverbindung des rechten Rotors, so dass das Fluggerät auf den Rücken kippte und abstürzte. Jefremow und seine Besatzung hatten keine Chance. Die Inspektion der verbliebenen Maschinen zeigte fehlerhaft montierte Teile. Aber Kamow wollte das Projekt noch nicht aufgeben; ein spezieller Autopilot sollte in der Folge die Besatzung entlasten und die Sicherheit erhöhen. Am 12. August 1964 startete die dritte Maschine zu einem Testflug; auch hier kam es zu Problemen mit der Steuerung: der „Schraub-Flügel" neigte sich plötzlich nach rechts und ließ sich nicht mehr einfangen. Scheinbar war die Blattverstellung eines Propellers defekt. Die Ka-22 verlor rapide an Höhe, so dass der Kommandant den Befehl zum Abspringen gab. Drei der fünf Besatzungsmitglieder konnten sich mit dem Fallschirm retten. Aber mit diesem Unglück war das Schicksal der „Wintokryl" besiegelt. Einige Zeit später endeten die zwei verbliebenen Exemplare auf dem Schrottplatz. ◄

Typ	Transport-Kombinationsflugschrauber
Erstflug	15. August 1959
Produktion	vier Exemplare
Verbleib	zwei Maschinen abgestürzt, zwei verschrottet
Besatzung	5
Antrieb	zwei Solowjow D-25VK mit je 4045 kW
Länge	27 m
Spannweite	22,5 m, Rotordurchmesser 20 m
Höhe	2,8 m
Leermasse	28 200 kg
Max. Startmasse	42 500 kg
Höchstgeschwindigkeit	356 km/h
Reichweite	450 km

Leduc 010

Frankreich

Leduc-Staustrahler

Die „fliegenden Lötlampen" sollten eigentlich die Luftfahrt revolutionieren, blieben aber eher eine Randnotiz.

Frisch aus einem Science-Fiction-Film scheinen die Gefährte des französischen Ingenieurs René Leduc entsprungen zu sein; selbst heute noch machen sie einen futuristischen Eindruck. Was müssen sich wohl die Zeitgenossen damals gedacht haben? Sicherlich war bei den Testpiloten einiges an Überwindung gefragt, um sich in die engen Cockpits zu quetschen, wohl wissend, das hinter ihnen quasi kontrollierte Explosionen für den Vortrieb sorgen… Dabei ist der Grundgedanke des verwendeten Staustrahlantriebs sogar noch älter als der Turbojet. Der Franzose René Lorin sicherte sich schon 1913 ein Patent, bei dem Luft mit hoher Geschwindigkeit in den Einlass eines Rohres strömt und dort gestaut wird. Die kinetische Energie verwandelt sich in Druck. Anschließend wird die Luft zusammen mit Brennstoff entzündet. Das entstehende Heißgas dehnt sich aus und strömt aus der hinteren Öffnung des Rohres. So entsteht ein Schub nach vorne. Daher kommt ein solcher Antrieb nur mit Ein- und Auslassdüse sowie einer Brennkammer aus und benötigt keine komplizierten rotierende Teile. Allerdings klappt das Ganze nur bei entsprechend hohen Fluggeschwindigkeiten, was den Einsatz in einem Flugzeug erheblich erschwert.

Davon ließ sich Leduc jedoch nicht entmutigen und stellte bereits im Jahr 1935 einen entsprechenden Versuchsantrieb fertig. Während des Zweiten Weltkriegs konnte er seine Forschungen nicht fortführen und musste Teile seiner Apparaturen vor den deutschen Besatzern in einem Schuppen in Toulouse verstecken. Dafür ging es nach Kriegsende Schlag auf Schlag, da die französische Führung neue Jäger suchte. Die erste Kreation trug die Bezeichnung Leduc 010 und erhielt schon bald den Spitznamen „fliegende Lötlampe", da sie im Wesentlichen aus einem Zylinder mit einem Durchmesser von 2,76 Metern bestand. Der Ingenieure verpasste dem Rohr noch Leitwerke und eine kleine, ungepfeilte Tragfläche, und fertig war das Versuchsflugzeug. Nur der Pilot musste noch irgendwie untergebracht werden. Hier kam Leduc auf eine kuriose Lösung: Er setze ihn ein-

Leduc 021

fach hinter einen spitzen Kegel in eine Kabine im Inneren des Lufteinlaufs. Bullaugen an den Rumpfseiten sollten die gelinde gesagt stark beeinträchtige Sicht etwas verbessern.

Da die Leduc 010 ohne fremde Hilfe nicht die nötige Geschwindigkeit zum Zünden des Antriebs erreichen konnte kam zum Start nur der Huckepack-Einsatz in Frage. Als Trägerflugzeug fiel die Wahl auf den viermotorigen Airliner Sud-Est SE.161 Languedoc. Am 21. Oktober 1947 koppelte Testpilot Jean Gonod erstmals von seinem Mutterschiff ab und kehrte im Gleitflug zum Flugplatz Toulouse zurück. Das eigenwillige Konstrukt konnte also tatsächlich fliegen! Aber zahlreiche Verspätungen sorgten dafür, dass der Staustrahlantrieb erst am 21. April 1949 zum Einsatz kam. Insgesamt baute Leduc drei Exemplare der 010, von denen allerdings zwei bei Landeunfällen

Bei der Leduc 021 saß der Pilot im verglasten Bug. Auch diese Variante startete vom Rücken einer SE.161 (oben).

Testpilot Yvan Littolf im Cockpit einer Leduc 021.

verloren gingen; die Piloten überlebten hier nur knapp. Die höchste erreichte Geschwindigkeit betrug Mach 0.85.

Leduc blieb nicht untätig und stellte schon bald die größere 021 vor, die zur Freude der Piloten nun eine vollverglaste Kanzel vor dem Lufteinlauf aufwies und zum Starten des Ramjets eine Helikopter-Turbine (Turbomeca Artouste) besaß. Der Erstflug am 20. März 1953 erfolgte allerdings wieder in der Luft von der Languedoc aus. Das Vertrauen in das Projekt war so groß, dass man die „Lötlampe" sogar während des Aerosalons 1955 in Le Bourget der Öffentlichkeit vorführte. Das Publikum zeigte sich ob der Überflüge mit rund 1000 km/h mehr als beeindruckt!

Noch einen Schritt weiter ging die Leduc 022, die den Weg zu einem Mach-2-schnellen Abfangjäger bereiten sollte. Dank des im Lufteinlauf ähnlich wie bei der Nord 1500 positionierten Atar-Turbojets konnte sie erstmals für einen Leduc-Entwurf aus eigener Kraft starten. So hob das Flugzeug mit dem Mischantrieb am zweiten Weihnachtstag 1956 zu seinem Jungfernflug ab. Knapp ein Jahr später erreichte es mit Mach 1.15 zum ersten Mal Überschallgeschwindigkeit. Weitere Flüge fanden nicht mehr statt, und die zweite 022 bleib für immer am Boden, da die Regierung den Geldhahn zudrehte und das Programm zu Gunsten konventionellerer Muster wie der Dassault Mirage einstellte. Trotz aller Herausforderungen und Innovationen kommen die Leduc-Muster zusammen auf die eindrucksvolle Zahl von mehr als 1100 Flügen. ◄

Typ	Forschungsflugzeuge
Erstflug	21. Oktober 1947 (Leduc 010), 20. März 1953 (021), 26. Dezember 1956 (022)
Produktion	drei Exemplare (010), zwei Stück (021), zwei Maschinen (022)
Verbleib	010: zwei verunglückt, ein Exemplar im Musée de l'Air in Le Bourget; 021: verschrottet; 022: ein Exemplar im Musée de l'Air, eins verschrottet
Besatzung	1
Antrieb	ein Staustrahlantrieb mit einem Schub von 19,55 kN (010) bzw. 63,55 kN (021); SNECMA Atar 101 D-3 mit 31,38 kN plus Staustrahlantrieb 63,55 kN (022)
Länge	10,25 m (010), 12,50 m (021), 18,21 m (022)
Spannweite	10,52 m (010), 11,60 m (021), 9,95 m (022)
Startmasse	2997 kg (010), 5889 kg (021), 8924 kg (022)
Höchstgeschwindigkeit	Mach 0.85 (010), Mach 1.15 (022)

Die Leduc 022 erreichte eine Geschwindigkeit von Mach 1.15.

Lockheed AH-56 Cheyenne

USA

Typ	Kampfflugschrauber
Erstflug	21. September 1967
Produktion	zehn Exemplare
Verbleib	zwei verunglückt, vier erhalten geblieben: Fort Campbell, Fort Polk und Army Aviation Museum (2)
Besatzung	2
Antrieb	ein General Electric T64-GE-16 mit 2929 kW Leistung
Länge	18,31 m
Spannweite	8,14 m
Rotordurchmesser	15,62 m
Höhe	4,18 m
Leermasse	5540 kg
Max. Startmasse	11 739 kg
Höchstgeschwindigkeit	393 km/h
Reichweite	1969 km
Bewaffnung	40 mm-Granatwerfer XM129 im Kinnturm, 30 mm-Kanone unter dem Bug, verschiedene Außenlasten

Als Mischung von Kampfhubschrauber und Flugzeug schien die AH-56 das perfekte Waffensystem für die US Army zu sein, doch im Endeffekt erwies sie sich als zu groß und komplex.

Die Erfahrungen aus dem Vietnamkrieg zeigten, dass die US Army dringend einen leistungsfähigen Kampfhubschrauber benötigte. Daraufhin entstand das im August 1964 die Ausschreibung für das Advanced Aerial Fire Support System (AAFSS). Wie Kinder in einem Süßwarenladen wollten die Generäle alles auf einmal: eine Geschwindigkeit von 400 km/h, eine schwere Bewaffnung, große Reichweite und ein Allwetter-Feuerleitsystem. Damit hatten sie der Konstruktionsabteilung von Lockheed einige Hausaufgaben mitgegeben, die trotzdem einen erfolgversprechenden Entwurf aus dem Hut zauberten. Die AH-56 Cheyenne besaß einen starren Rotorkopf ohne Schlag- und Schwenkgelenke, Stummelflügel an den Seiten und einen Druckpropeller am Heck. Innovationen gab es auch bei den Waffensystemen mit Helmvisier für den Piloten und einem Laserentfernungsmesser. Bei soviel High-Tech könnte man zahlreiche Probleme erwarten, aber der erste von zehn bestellten Prototypen hob bereits am 21. September 1967 zu seinem Jungfernflug ab. Doch schon bald brauten sich dunkle Wolken über dem Programm zusammen: die US Air Force befürchtete einen Einbruch in ihr Revier und tat ihr Bestes, um das Projekt zu torpedieren; eben aufgrund von Vietnam musste die Regierung einen harten Sparkurs fahren, und dann stürzte auch noch die dritte Maschine ab. Verspätungen und Kostensteigerungen folgten, so dass die US Army schließlich den Produktionsauftrag stornierte. Windkanalversuche (die mit der Zerstörung einer AH-56 endeten) und die anschließende Truppenerprobung förderten weitere Probleme zu Tage, so dass im August 1972 das endgültige Aus kam. ◂

Lockheed XFV-1

USA

Im Gegensatz zur Pogo konnte die konkurrierende XFV-1 nie das zeigen, für dass sie eigentlich entworfen worden war: senkrechte Starts und Landungen.

Ende der 40er Jahre ging man davon aus, dass bei einem erneuten Kriegsausbruch in Europa die konventionellen Flugzeuge innerhalb kürzester Zeit außer Gefecht seien – einfach, weil ihre Flugplätze zu Schutt und Asche gebombt wurden. Daher gewann die Idee der Senkrechtstarter immer mehr Anhänger, da man gänzlich unabhängig von langen Landebahnen war. Die US Navy setzte hier auf das Prinzip eines Heckstarters und bestellte bei Convair die XFY-1 Pogo

und bei Lockheed die XFV-1. Beide Muster erhielten den monströsen XT40-Turbopropantrieb von Allison und sollten den Weg für ein mögliches Jagd- und Aufklärungsflugzeug bereiten. Im Gegensatz zur Pogo besaß das Lockheed-Modell keinen Deltaflügel sondern kleine trapezförmige Tragflächen ähnlich denen des F-104 Starfighter. Allerdings verfügten sie über keine Steuerflächen, da die Kontrolle durch ein kreuzförmiges Leitwerk mit vier identischen Flossen, die im 45-Grad-Winkel zu den Flügeln standen, erfolgte. Dummer- oder vielleicht auch glücklicherweise ermöglichte diese Auslegung das Anbringen eines improvisierten, starren Fahrwerks für Tests im konventionellen Geradeausflug. Diese Möglichkeit existierte für das Konkurrenzmodell nicht. Für die XFV-1 bedeutete dies zwar auf der einen Seite ein vermindertes Risiko, auf der anderen Seite musste man länger auf den Motor warten. Allison hatte nämlich massive Probleme mit seinem neuen Flaggschiff, und die Ausführung mit für längeren Senkrechtflug modifiziertem Leitungssystem ging an die Pogo. Erst am 16. Juni 1954 konnte Cheftestpilot Herman Salmon in Edwards offiziell die Flugerprobung beginnen, nachdem er bereits am 23. Dezember 1953 bei Rollversuchen einen ersten ungeplanten Hüpfer gemacht hatte. Da Lockheed nur den normalen XT40 zur Verfügung hatte fanden keinerlei Senkrechtstarts oder -landungen statt. Erst im Frühjahr 1955 gelang in größerer Höhe ein kurzzeitiger Übergang in den Schwebeflug, Salmon landete aber wieder konventionell. Insgesamt absolvierte das Muster 23 Stunden bei 32 Flügen. Zu diesem Zeitpunkt waren allerdings alle Chancen auf eine Serienversion dahin, da schon mehr als doppelt so schnelle Fighter in den Startlöchern standen, die weitaus einfacher zu fliegen waren. Im Juni 1955 beendete die Navy das Programm. Die XFV-1 ging für weitere Bodenversuche an Hiller, die allem Anschein nach mit ihrer Zerstörung endeten. Das zweite bestellte Exemplar wurde nicht fertiggestellt und steht heute im Florida Air Museum. ◄

Typ	Senkrechtstart-Versuchsflugzeug
Erstflug	16. Juni 1954
Produktion	zwei Exemplare
Verbleib	zerstört; Florida Air Museum, Lakeland
Besatzung	1
Antrieb	ein Allison XT40-A-6 mit 4101 kW Leistung
Länge	11,23 m
Spannweite	8,35 m
Höhe	11,23 m
Leermasse	5261 kg
Startmasse	7358 kg
Höchstgeschwindigkeit	933 km/h (geplant)
Reichweite	ca. 720 km

Lockheed XV-4 Hummingbird

USA

Ein kompliziertes Düsensystem sollte dem „Kolibri" zum Schweben verhelfen. Aber die Berechnungen stimmten nicht mit der Realität überein.

Im Mittelpunkt des XV-4-Entwurfs stand ein spezielles Düsensystem, das den Schub im Schwebeflug erhöhen sollte. Dazu lenkte es die Abgase der beiden Triebwerke über eine Kammer in sogenannte Ejektor-Düsen. Beim Austreten entstand ein Unterdruck, der wiederum Umgebungsluft durch die oberen Öffnungen saugte. Damit stiegen der Luftmassendurchsatz und somit auch der Schub. Das Prinzip klang zwar einfach, hatte aber bei der Umsetzung einige Herausforderungen für die Konstrukteure bereit. Schließlich mussten die Mischkammern für den gewünschten Schub eine entsprechende Größe besitzen, und die Rohrleitungen erwiesen sich nicht gerade als Leichtgewichte. Trotzdem konnte die erste von zwei Maschinen am 7. Juli 1962, nur knapp ein Jahr nach der Bestellung durch die US Army, zum ersten, allerdings noch konventionellen Flug abheben. Erste Fesselversuche im Senkrechtflug-Modus zeigten aber, dass die Schubverstärkung nicht ausreichte, und so mussten die Ingenieure wieder ans Zeichenbrett. Schließlich konnte die XV-4A mit minimaler Betankung am 24. Mai 1963 erste freie Schwebeflüge und dann am 8. November 1963 die erste Transition durchführen. Während die Bemühungen zur Steigerung des Schubs andauerten ging auch die Erprobung weiter, indes nur bis zum tödlichen Absturz der ersten Maschine im Juni 1964. Daraufhin gab die Army das Projekt auf. Dafür interessierte sich nun die US Air Force für den Hummingbird und gab umfangreiche Modifikationen in Auftrag. Lockheed brachte das verbliebene Exemplar auf den XV-4B-Stand, der ein neues Antriebsystem und erstmals in der westlichen Welt eine frühe Fly-by-Wire-Flugsteuerung beinhaltete. Die Mühe hätte sich das Unternehmen jedoch sparen können, denn kurz bevor die Senkrechtstartversuche beginnen sollte stürzte die Maschine bei einem normalen Flug ab. Der Pilot konnte sich zwar mit dem Schleudersitz retten, aber das Programm war damit am Ende. ◂

Typ	Senkrechtstart-Forschungsflugzeug
Erstflug	7. Juli 1962
Produktion	zwei Exemplare
Verbleib	beide abgestürzt
Besatzung	2
Antrieb	zwei Pratt & Whitney JT12A-3LH mit je 13,33 kN Schub
Länge	9,96 m
Spannweite	7,82 m
Höhe	3,58 m
Leermasse	2266 kg
Max. Startmasse	3266 kg
Höchstgeschwindigkeit	833 km/h
Reichweite	540 km (geplant)

Lockspeiser LDA-1

Als „fliegender Landrover" pries der Erfinder seine LDA-1 an, konnte aber keine Käufer finden. Ein Hallenbrand reduzierte das ganze Projekt zu Schutt und Asche.

David Lockspeiser, ehemaliger Testpilot bei Hawker Siddeley, sah in den 60er Jahren den Bedarf für ein Nutzflugzeug für den Einsatz in Feld und Busch. Um bei der Beladung möglichst flexible Schwerpunktvorgaben zu haben und gute Langsamflugeigenschaften zu erzielen wählte er die ungewöhnliche Auslegung eines Tandemflügels in Kombination mit einem Druckpropeller. Das von ihm Land Development Aircraft (LDA) getaufte Flugzeug besaß einen kastenförmigen Rumpf für eine einfache Beladung. Um die Vorteile seines Konzepts unter Beweis zu stellen baute er zunächst die kleinere LDA-1, die zu 70 Prozent der Größe der späteren Serienvariante entsprach. Trotz vieler Vorführungen in den 70er Jahren konnte Lockspeiser keine Aufträge an Land ziehen. In den 80er Jahren versuchte er, das Projekt als LDA-500 wiederzubeleben und beauftragte die Firma Optica Industries mit dem Bau eines Prototyps. Aber ein Feuer zerstörte 1987 den Hangar samt der LDA-1 und zahlreichen weiteren Teilen, Werkzeugen und Konstruktionsunterlagen, so dass es zu keinem weiteren Muster mehr kam. ◂

Typ	Nutzflugzeug
Erstflug	24. August 1971
Produktion	ein Exemplar
Verbleib	verbrannt
Besatzung	1
Antrieb	ein Lycoming O-320-D1A mit 120 kW Leistung
Länge	6,86 m
Spannweite	4 m
Höhe	3,12 m
Leermasse	561 kg
Max. Startmasse	771 kg
Reisegeschwindigkeit	170 km/h
Reichweite	260 km

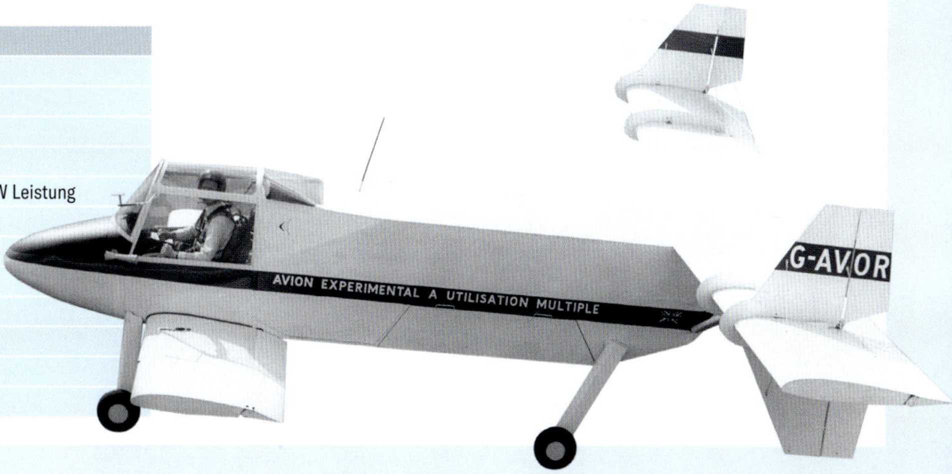

USA

Martin P6M SeaMaster

Obwohl das Jetflugboot damals sogar vergleichbaren Landflugzeugen überlegen war wurde es Opfer eines Strategiewechsels der US Navy. Es sollte das letzte von Martin gebaute Flugzeug werden.

Anfang der 50er Jahre erdachte sich die US Navy eine neue Strategie im Kalten Krieg: Im Ernstfall wollte man verhindern, dass die sowjetische Flotte ihre Einsatzgebiete erreicht, indem man die möglichen Routen der Kriegsschiffe vermint. Möglich machen sollten dies Flugboote, die mit hoher Geschwindigkeit diese Areale erreichen konnten, und von eigenen U-Booten an jedem Punkt des Ozeans mit Treibstoff versorgen werden sollten. Natürlich spielte auch der Einsatz von Nuklearwaffen eine Rolle, blieb aber aufgrund der Konkurrenz mit der Air Force unter dem Radar. Die Eckdaten erwiesen sich nicht nur für das Jahr 1951 als ziemlich anspruchsvoll: Der Entwurf hatte eine Geschwindigkeit von Mach 0.9 mit einer Zuladung von 15 Tonnen und einer Reichweite von 2775 Kilometern zu kombinieren. Die lies sich nur mit der Verwendung von Strahltriebwerken und einem aerodynamisch möglichst widerstandsarmen Bootsrumpf bewerkstelligen. Aus Sicht der Marine bot der Vorschlag der für ihre Propeller-Flugboote bekannten Martin Company das beste Gesamtpaket, und so bestellte sie am 31. Oktober 1952 zwei Prototypen mit der Bezeichnung XP6M-1. Die Konstrukteure entschieden sich für eine Auslegung als Schulterdecker mit auf der Tragfläche angeordne-

ten Antrieben und einem T-Leitwerk. An den Enden der um 40 Grad nach hinten gepfeilten Tragfläche befanden sich kleine Zusatztanks, die gleichzeitig als Stabilisierungsschwimmer dienten.

Trotz der zahlreichen Herausforderungen – die Struktur musste gleichzeitig die Lasten bei hohen Geschwindigkeiten in niedrigen Höhen sowie schwereren Seegang aushalten – gelang den Ingenieuren ein vielversprechender Entwurf. Nach dem Erstflug am 14. Juli 1955 vom Middle River in Maryland aus zeigten sich jedoch erste Probleme: die Nachbrenner der beiden inneren Triebwerke verursachten Risse im Rumpf, und die die pneumatische Dichtung des Bombenschachtes hielt nicht richtig. Kein halbes Jahr später kam es zur Katastrophe: am 7. Dezember 1955 brach die Maschine bei einem Testflug auseinander, nachdem Schwierigkeiten mit der Steuerung zu einem vollen Ausschlag des Höhenruders und resultierenden Außenlooping zur Überlastung der Struktur führten. Die vierköpfige Besatzung kam dabei ums Leben, da das Flugboot nicht über Schleudersitze verfügte. Diese rüstete Martin erst beim zweiten Exemplar nach, sehr zum Glück der Crew, die ihnen am 9. November 1956 ihr Leben verdanken sollte: Aufgrund eines fehlerhaften Höhenruder-Stellzylinders ließ sich die XP6M-1 nicht mehr kontrollieren, und die

vier Mann an Bord mussten aussteigen. Trotz des erneuten Absturzes hielt die Navy zunächst an dem Programm fest.
Die Erprobung der ersten YP6M-1 aus der Vorserie begann am 20. Januar 1958 und verlief recht erfolgreich. Schließlich hatte Martin beim Leitwerk und der Triebwerksanordnung nachgearbeitet. Trotzdem kam es zu weiteren Verspätungen und horrenden Budgetüberschreitungen. Die erste Serienmaschine P6M-2 mit ihren stärkeren Antrieben konnte zwar noch am 17. Februar 1959 zu ihrem Jungfernflug abheben, aber die Marineführung konzentrierte sich nun ganz auf U-Boote als Träger für Nuklearraketen. Damit entfiel die eigentliche Hauptmission der SeaMaster, und die US Navy zog den Stecker. Alle Maschinen mussten verschrottet werden, und selbst die Durchführung prestige-trächtiger Rekordflüge wurde strikt untersagt. Dabei hätte das serienreife Flugboot viel Potenzial gehabt, war aber für Nischenaufgaben schlicht weg zu teuer. In der Folge verlegte sich Martin ganz auf Flugkörper und Elektronik. Ein weiterer traditionsreicher Flugzeugbauer verlies so die Bühne. ◄

Die P6M-2 erhielt eine modifizierte Cockpitverglasung.

Typ	Patrouillen-Flugboot
Erstflug	14. Juli 1955
Produktion	zwölf Exemplare
Verbleib	zwei Prototypen abgestürzt, Rest verschrottet (wenige Komponenten im Glenn L. Martin Maryland Aviation Museum, Baltimore)
Besatzung	5 (Pilot, Copilot, Funker, Navigator, Waffensystem-offizier)
Antrieb	vier Pratt & Whitney J75-P-2 mit je 78 kN Schub (P6M-2)
Länge	40,84 m
Spannweite	30,48 m
Höhe	9,45 m
Leermasse	44 198 kg
Max. Startmasse	86 183 kg
Höchstgeschwindigkeit	1163 km/h
Reichweite	2415 km
Bewaffnung	zwei ferngesteuerte MGs zur Selbstverteidigung, verschiedenen Bomben und Minen (bis zu 14 000 kg)

Martin X-24B

USA

Die Lifting Bodies von Martin werden oft als Großeltern des Space Shuttles bezeichnet und lieferten in der Tat wertvolle Erkenntnisse für die Entwicklung der Raumfähre.

In den 60er Jahren arbeiteten NASA und US Air Force gemeinsam an einem Projekt zur Erprobung eines Fluggeräts, das aus großer Höhe ohne eigenen Antrieb sicher landen konnte, quasi die Vorarbeiten zu einer Raumfähre wie dem späteren Space Shuttle. Dabei stand das Konzept des „Lifting Body" im Vordergrund, bei dem die Rumpfform und nicht eine Tragfläche für den Auftrieb sorgte. So bekam Martin den Auftrag zum Bau eines entsprechenden Flugzeugs, das von einer Boeing B-52 in die Luft gebracht werden und mit Hilfe eines Raketenantriebs in große Höhe steigen und dann zur Erde zurück gleiten sollte. Der resultierenden X-24A waren zwei Northrop-Muster voraus gegangen. Am 17. April 1969 absolvierte sie ihren ersten Flug, aber schon während den Tests liefen die Arbeiten an einer verbesserten Variante auf Hochtouren. Schließlich fiel die Entscheidung, die X-24A einfach in die X-24B umzubauen, statt eine komplett neue Maschine zu fertigen. Im Endeffekt verkleideten die Ingenieure den Versuchsträger derart, dass er mit seiner spitzen Nase und dreieckigen Unterseite eher einem fliegenden Bügeleisen ähnelte. Die Erprobung begann am 1. August 1973 und endete nach 36 erfolgreichen Flügen im November 1975.

Typ	Forschungsflugzeug
Erstflug	1. August 1973
Produktion	ein Exemplar
Verbleib	National Museum of the United States Air Force, Dayton
Besatzung	1
Antrieb	ein Reaction Motors XLR-11-RM-13 mit 36 kN Schub
Länge	11,43 m
Spannweite	5,84 m
Höhe	3,15 m
Leermasse	3538 kg
Max. Startmasse	6260 kg
Höchstgeschwindigkeit	Mach 1.52

Martin XB-48

Auf bewährte Konstruktionsmerkmale setzte Martin bei diesem sechsstrahligen Bomber, der gegen die Konkurrenz mit den neuen Pfeilflügel nicht den Hauch einer Chance hatte.

Die neue Ära des Jetantriebs machte kurz vor Ende des Zweiten Weltkriegs auch nicht vor den USA halt, und so erstellten die US Army Air Forces am 17. November 1944 die damals ehrgeizige Spezifikation für einen Bomber mit einer Reichweite von rund 4800 Kilometern, einer Geschwindigkeit von 885 km/h und einer Flughöhe von 12 200 Metern. Mangels stärkerer Triebwerke mussten die Ingenieure sechs Aggregate des General Electric TG-180 verwenden, die sie in Dreierpaaren in entsprechenden Gondeln unter der ungepfeilten Tragfläche anordneten. Um den aerodynamischen Widerstand möglichst gering zu halten wählten sie ein relativ schmales Flügelprofil, welches das Unterbringen des Hauptfahrwerks verhinderte. Stattdessen ruhte die XB-48 auf zwei hintereinander platzierten Zwillingsrädern unter dem Rumpf und kleinen Stützrädern unter den Triebwerksgondeln. Dieses ungewöhnliche Arrangement testete man bereits im Frühsommer 1945 an einer eigens modifizierten B-26 Marauder.

Am 13. Dezember 1946 erhielt Martin dann den Auftrag zum Bau von zwei Prototypen. Mit den Testpiloten Edwin „Pat" Tibbs und Dutch Gelvin an Bord hob die erste Maschine schließlich am 22. Juni 1947 in Baltimore zu ihrem Jungfernflug ab. Die weitere Erprobung zeigte deutliches Verbesserungspotenzial beim Hydrauliksystem und der Flugsteuerung. Außerdem erwiesen sich die Triebwerke als unzuverlässig. Die zweite XB-48 erhielt zwar das verbesserte J35-GE-9 und flog erstmals am 16. Oktober 1948. Aber die erzielte Geschwindigkeit konnte die Erwartungen weiterhin nicht erfüllen. Hier hatte Boeing mit der konkurrierenden XB-47 Stratojet nicht zuletzt dank der gepfeilten Tragfläche deutlich die Nase vorn. Noch 1948 kam für das Martin-Muster das Aus. Der zweite Prototyp flog noch bis September 1951 zur allgemeinen Erprobung verschiedener Systeme, und endete wie sein Vorgänger unrühmlich auf dem Schrottplatz. Währenddessen fertigte Boeing fleißig die B-47 – insgesamt mehr als 2000 Exemplare. Manchmal ist auf Nummer Sicher gehen wohl doch nicht der richtige Weg. ◄

Typ	Bomber
Erstflug	22. Juni 1947
Produktion	zwei Exemplare
Verbleib	verschrottet
Besatzung	3 (Pilot, Copilot und Bombenschütze/Navigator)
Antrieb	sechs General Electric TG-180 (Serienversion Allison J35-A-5) mit je 17,78 kN Schub
Länge	26,14 m
Spannweite	33,2 m
Höhe	8,36 m
Leermasse	26 578 kg
Max. Startmasse	46 540 kg
Höchstgeschwindigkeit	796 km/h
Reichweite	4023 km
Bewaffnung	9966 kg Bomben, zwei 12,7 mm-MGs im Heck

Martin XB-51

USA

Als eines der wenigen dreistrahligen Kampfflugzeuge blieb die XB-51 vom Pech verfolgt. Beide Exemplare stürzten ab.

Der leichte Jetbomber begann seine Karriere ursprünglich als mit Turboprops ausgestattetes Angriffsflugzeug. Noch auf dem Reißbrett änderten die US Army Air Forces im Jahr 1946 jedoch die Anforderungen zu einem Bomber für niedrigeren Flughöhen. Die Ingenieure bei Martin warfen daraufhin die gerade Tragfläche über Bord und wählten aufgrund der mittlerweile zur Verfügung stehenden deutschen Forschungsergebnisse einen um 35 Grad nach hinten gepfeilten Flügel für die zwei bestellten Maschinen. Die nötige Geschwindigkeit sollten drei J47-Turbojets gewährleisten. Aber wie sollte man das Trio am Besten unterbringen? Nach einigem Kopfzerbrechen kamen die Konstrukteure auf eine bis dato einmalige Lösung: Sie setzten zwei Triebwerke in Gondeln unter den vorderen Rumpf

und platzierten das dritte ins Rumpfheck. Seine Luftzufuhr erfolgte über einen Einlauf auf dem hinteren Rumpf vor dem T-Leitwerk. Da die Tragfläche keinen Platz für Tanks oder Fahrwerk bot, kam alles in den Rumpf, der auch einen Bombenschacht erhielt. Für Stabilität beim Rollen sorgten Stützräder an den Flügelenden. Der Flügel wies eine weitere Besonderheit auf: Sein Anstellwinkel ließ sich nämlich mit Hilfe einer hydraulisch betätigten Spindel um rund fünf Grad verstellen, unter anderem, um die Startstrecke zu verringern.

Am 28. Oktober 1949 rollte Martins Cheftestpilot Orville Edwin Tibbs in Middle River, Maryland, mit dem ungewöhnlichen Gefährt zur Piste und startete in Richtung Patuxent River. Bevor die Erprobung richtig Fahrt aufnehmen konnte verdunkelten sich die Wolken über dem Programm. Die mittlerweile in US Air Force umbenannten Luftstreitkräfte konzentrierten sich mehr auf strategische Bomber und mussten dafür an anderen Enden sparen. Gleichzeitig benötigte man im Koreakrieg dringend ein Angriffsflugzeug für Tiefflugeinsätze bei Nacht. Hier kam mit der English Electric Canberra ein bereits verfügbares Produkt aus Großbritannien ins Spiel. Obwohl deutlich langsamer punktete der Europäer mit wesentlich größerer Reichweite, so dass im März 1951 die Entscheidung für den Kauf des Musters fiel. Die XB-51 sollte dagegen im November 1951 eingestellt werden. Als Trostpflaster war Martin für die Lizenzfertigung der Canberra als B-57 verantwortlich. Die beiden XB-51 erschienen der USAF jedoch als zu wertvoll, um sie schon außer Dienst zu stellen. So dienten sie unter anderem zu Waffentests, bis sie bei Unfällen verloren gingen. Dem ersten Prototypen blieb wenigstens eine viel beachtete Kinorolle als fiktive „Gilbert XF-120" im Filmklassiker „Einst kommt die Stunde" („Toward the Unknown"). ◂

Typ	Bomber
Erstflug	28. Oktober 1949
Produktion	zwei Exemplare
Verbleib	beide abgestürzt
Besatzung	2
Antrieb	drei General Electric J47-GE-3 mit je 25,89 kN Schub
Länge	25,94 m
Spannweite	16,19 m
Höhe	5,26 m
Leermasse	13 419 kg
Max. Startmasse	28 328 kg
Höchstgeschwindigkeit	1038 km/h
Reichweite	958 km
Bewaffnung	Bomben (4711 kg), acht 20 mm-Kanonen

McDonnell XF-85 Goblin

Das noch junge Unternehmen wartete wieder mit einer eigenwilligen Konstruktion auf. Allerdings ließen die engen Design-Vorgaben für den Mini-Begleitjäger kein wirklich brauchbares Flugzeug zu.

Nachdem sich die ersten Versuche mit „Parasiten-Jägern" an den Flügelenden großer Bomber als unpraktisch und lebensgefährlich erwiesen hatten schaltete die US Air Force einen Gang herunter und konzentrierte sich auf das Vorhaben, den Begleitjäger einfach im Waffenschacht des Mutterschiffs mitzuführen. Entsprechende Studien hatten bereits Mitte der 40er Jahre begonnen und mündeten schließlich in der Entwicklung der McDonnell XF-85 Goblin. Deren Abmessungen waren speziell auf den Bombenschacht der B-36 Peacemaker zugeschnitten und ließen der Entwicklungsabteilung nur wenig Spielraum. Der kleine Kobold erhielt einen ausfahrbaren Haken vor dem Cockpit, um sich damit in ein Trapez unter dem Bomber einzuklinken, und besaß kein Fahrwerk. Der Minijäger startete am 23. August 1948 zu seinem Jungfernflug, aber die Flugleistungen waren gelinde gesagt grausam. Dasselbe galt auch für die Kopplung an die Boeing B-29, die bei den Versuchen als Mutterschiff diente, da zu diesem Zeitpunkt keine B-36 verfügbar war. Gegen Ende des Erstflugs kehrte Testpilot Edwin Schoch zur Superfortress zurück, aber die starken Turbulenzen der Motoren verhinderten ein Einklinken. Nach mehreren Versuchen kollidierte er mit dem Gestell, wobei die Cockpithaube zu Bruch ging und Schoch seinen Helm verlor. Damit

war eine Bauchlandung auf dem Muroc-Salzsee unausweichlich, die glücklicherweise glimpflich verlief. Da die XF-85 kaum Beschädigungen aufwies ging es schon bald wieder in die Luft, aber nach drei Flügen mit erfolgreichen Kopplungen musste Schoch erneut in der Wüste landen. Insgesamt führte der Pilot mit den zwei gebauten Goblin nur sieben freie Flüge durch, von denen vier im Sand endeten. Im Oktober 1949 hatte die Air Force genug und beendete das Programm. Trotz aller Zwischenfälle blieben beide Maschinen in Museen erhalten; Ed Schoch überlebte die abenteuerlichen Einsätze, kam aber tragischerweise bei Absturz einer McDonnell F2H Banshee im Jahr 1951 ums Leben.

Typ	Begleitjäger
Erstflug	23. August 1948
Produktion	zwei Exemplare
Verbleib	National Museum of the United States Air Force (Dayton), Strategic Air Command & Aerospace Museum (Offutt)
Besatzung	1
Antrieb	ein Westinghouse J34-WE-22 mit 13,35 kN Schub
Länge	4,98 m
Spannweite	3,25 m
Höhe	2,52 m
Leermasse	1807 kg
Max. Startmasse	2540 kg
Höchstgeschwindigkeit	1043 km/h (geschätzt)
Einsatzdauer	77 Minuten (geschätzt)
Bewaffnung	vier MGs im Bug (geplant)

McDonnell XHJD-1

USA

Der erste erfolgreich geflogene zweimotorige Hubschrauber der Welt ging zwar nicht in Produktion, lieferte aber einige Erkenntnisse für die Entwicklung weiterer Drehflügler.

Gerade in seiner Anfangszeit schien McDonnell ein Faible für ungewöhnliche Entwürfe zu haben. Dies stellte das junge Unternehmen gegen Ende des Zweiten Weltkriegs wieder unter Beweis, als die US Navy einen großen Hubschrauber mit Platz für bis zu zehn Personen für Rettungseinsätze suchte. Da die frühen Helikopter noch unter geringen Nutzlasten und Reichweiten litten, verwendeten die Ingenieure bei der XHJD-1 einfach Designelemente von Flugzeugen wie einen konventionellen Rumpf mit Seitenleitwerk. An seitlichen Stummelflügen brachten sie schließlich zwei Sternmotoren unter, und die äußeren Flügelsegmente mündeten in leicht nach oben abgewinkelten Auslegern für die Rotoren. Da sie gegeneinander drehten erübrigte sich die Verwendung eines Heckrotors. Beide Rotoren waren über ein komplexes Kupplungssystem miteinander verbunden, so dass ein Betrieb auch bei einem Antriebsausfall möglich war. James McDonnell verkaufte der Navy die später in XHJH-1 umbenannte Maschine als Versuchshubschrauber und statte sie mit einer umfangreichen Messinstrumentierung aus. Insgeheim hoffte die Firma natürlich, die Marine von den Vorzügen des Designs zu überzeugen und einen Produktionsauftrag an Land ziehen zu können. Im März 1945 bestellte die Marine schließlich den Prototyp, der am 27. April 1946 seinem Namen „Whirlaway" alle Ehre machte und erstmals davon wirbelte. Trotz auftretender Vibrationen waren die Flugeigenschaften halbwegs annehmbar, aber nicht nur zeitlich hatte die Konkurrenz von Piasecki und Sikorsky die Nase vorn. Daher verlor die Marine bald das Interesse, und der Drehflügler diente noch bis Juni 1951 als firmeneigener Erprobungsträger unter anderem für verschiedene Rotorblätter. ◀

Typ	Versuchs-Hubschrauber
Erstflug	27. April 1946
Produktion	ein Exemplar
Verbleib	Smithsonian (eingelagert)
Besatzung	1
Antrieb	zwei Pratt & Whitney R-985-AN-14B mit je 340 kW Leistung
Länge	9,8 m
Breite	27 m
Rotordurchmesser	15,2 m
Höhe	4,1 m
Leermasse	3629 kg
Startmasse	4990 kg
Höchstgeschwindigkeit	190 km/h
Reichweite	480 km

McDonnell XV-1

USA

Der Flugschrauber erzielte zwar einen neuen Geschwindigkeitsrekord, aber die Auslegung erwies sich als nicht geeignet nicht für eine Serienanwendung.

James McDonnell wollte das Drehflügler-Segment nicht aufgeben und ließ Anfang der 50er Jahre im Auftrag der US Army einen experimentellen Flugschrauber entwickeln. Die XV-1 erhielt einen Sternmotor mit Druckpropeller am Heck für den konventionellen Reiseflug. Im Hubschrauber-Modus trieb der Motor zwei Verdichter an, die Luft in Düsen an den Blattspitzen bliesen. Dort wurde Treibstoff eingespritzt und entzündet, um den Rotor in Bewegung zu setzen. Die Armee bestellte 1951 zwei Exemplare zur Erprobung. Im Februar 1954 begannen erste Schwebeflüge an einer Sicherheitsleine, gefolgt vom ersten Freiflug am 14. Juli 1954. Bis zur ersten kompletten Transition sollte es allerdings noch bis zum 29. April 1955 dauern. Inzwischen war auch die zweite, mit einigen Modifikationen versehene XV-1 zur Flotte gestoßen. So besaß sie nun an den beiden Heckauslegern jeweils einen kleinen Rotor zur Verbesserung der Steuerung. Obwohl das Muster zunächst mit 327 km/h eine neue Geschwindigkeits-Bestmarke erzielte, zeigte sich, dass die Leistungen der Flugschrauber-Konfiguration den hohen Aufwand nicht rechtfertigten.

Typ	Experimental-Flugschrauber
Erstflug	14. Juli 1954
Produktion	zwei Exemplare
Verbleib	Army Aviation Museum, Smithsonian (eingelagert)
Besatzung	2
Antrieb	ein Continental R-975 mit 391 kW Leistung
Länge	15,37 m
Spannweite	7,92 m
Rotordurchmesser	9,45 m
Höhe	3,28 m
Leermasse	1940 kg
Startmasse	2497 kg
Höchstgeschwindigkeit	327 km/h

USA

McDonnell XP-67

Seinem Namen „The Bat" machte das erste eigene Produkt von McDonnell mit seiner fledermausartigen Form alle Ehre. Aber die beste Aerodynamik nützt nichts, wenn der Antrieb nicht funktioniert.

Beim Erstlingswerk gleich alle Konventionen über den Haufen zu werfen erfordert schon einigen Mut. Davon schien James S. McDonnell einigen zu haben. Das im Juli 1939 gegründete Unternehmen hatte zunächst Komponenten und Flugzeuge anderer Hersteller produziert und kam erst im Wettbewerb um einen neuen Höhenjäger mit einer Eigenkonstruktion ins Spiel. Während die Generäle zwar den ersten Vorschlag eines einmotorigen Flugzeugs mit zwei über Fernwellen angetriebenen Druckluftschrauben als zu gewagt ablehnten, blieben sie doch genügend interessiert, um weitere Entwürfe anzufordern. Im Mai 1941 präsentierte die Firma das Konzept eines „Bomber-Zerstörers", bei dem die Konstrukteure höchsten Wert auf aerodynamische Effizienz legten. Sie verpassten fast der gesamten Flugzeugzelle das Profil eines Flügels und sorgten für fließende Übergänge zwischen der Tragfläche und dem flachen Rumpf. Dasselbe galt für die Triebwerksgondeln. Insgesamt könnte man denken, sie hätten das Muster mit einem Bügeleisen geplättet … Außerdem wählten sie ein Fahrwerk mit Bugrad sowie ein druckbelüftetes Cockpit. Zur geplanten Bekämpfung von Bombern fuhr man schweres Geschütz auf: Sechs 37 mm-Kanonen sollten Platz finden.

Anderthalb Jahre nach der Anfertigung der ersten Skizzen konnte McDonnell den ersten Prototypen fertigstellen. Beim Jungfernflug am 6. Januar 1944 überhitzten jedoch die Turbolader, ein erster Hinweis auf die Schwierigkeiten, welche die zu schwachen und unzuverlässigen I-1430-Antriebe von Continental bereiten sollten. Schon am 6. September 1944 musste die Maschine mit brennendem Motor notlanden und ging anschließend komplett in Flammen auf. Das zweite Flugzeug stellte McDonnell gar nicht erst fertig. Stattdessen arbeitete die ehrgeizige Entwicklungsabteilung schon am nächsten Projekt, das in Form der FH-1 Phantom zum ersten Jetjäger der US Navy werden sollte. ◄

Typ	Jagdflugzeug
Erstflug	6. Januar 1944
Produktion	ein Exemplar
Verbleib	verunglückt
Besatzung	1
Antrieb	zwei Continental I-1430 mit je 845 kW Leistung
Länge	13,65 m
Spannweite	16,77 m
Höhe	4,80 m
Leermasse	8046 kg
Max. Startmasse	11 505 kg
Höchstgeschwindigkeit	648 km/h
Reichweite	3816 km
Bewaffnung	sechs 37 mm-Kanonen (geplant)

Messerschmitt Me 323 Gigant

Den Namen „Gigant“ trug die Me 323 zu Recht: Während des Zweiten Weltkriegs galt sie als der größte landgestützte Transporter der Welt.

Als Einwegflugzeug hatte Messerschmitt den riesigen Lastensegler Me 321 mit einer Spannweite von 55 Metern entwickelt. Angesichts des vorgesehenen Einsatzzwecks kamen einfache Materialien zum Einsatz wie ein Stahlrohrgerüst, Stoffbespannung und Sperrholzspanten. Das Be- und Entladen erfolgte über den Bug mit seinen zwei abklappbaren Toren. Im Februar 1941 absolvierte das erste Versuchsmuster seinen Jungfernflug. Wenig später fiel die Entscheidung zur Entwicklung einer motorisierten Variante. Die Me 323 erhielt vier Motoren Gnome & Rhône 14 N mit entsprechender Metallverstärkung der Tragfläche sowie ein Radfahrwerk statt der Kufen. Die im Januar 1942 begonnene Erprobung offenbarte jedoch ein erhebliches Leistungsdefizit, so dass die Ingenieure kurzerhand zwei weitere Triebwerke hinzufügten. Insgesamt wurden rund 200 Exemplare gebaut beziehungsweise aus Me 321 umgerüstet. Sie flogen meist im Mittelmeerraum und an der Ostfront, mussten aber schwere Verluste hinnehmen. ◂

Typ	Transportflugzeug
Erstflug	20. Januar 1942
Produktion	ca. 200 Exemplare
Verbleib	alle zerstört (Flügelholm in Berlin-Gatow)
Besatzung	5
Nutzlast	11 000 kg
Antrieb	sechs Gnome & Rhône 14 N mit je 870 kW Leistung
Länge	28,15 m
Spannweite	55,24 m
Höhe	10,2 m
Leermasse	27 330 kg
Max. Startmasse	45 000 kg
Höchstgeschwindigkeit	260 km/h
Reichweite	700 km
Bewaffnung	mehrere MGs zur Selbstverteidigung

Mikojan-Gurewitsch 105-11

Zur Erprobung eines geplanten Raumgleiters entwarf das Mikojan-Konstruktionsbüro dieses ungewöhnliche Flugzeug. Obwohl es über ein Jettriebwerk verfügte wurde es aus der Luft von einem Trägerflugzeug gestartet.

Das Spiral-Raumfahrt-Programm sah ein überschallschnelles Trägerflugzeug vor, von dem aus ein bemannter Raumgleiter in den Orbit aus starten sollte, ähnlich dem X-20-Programm der USA. Neben einigen Testvehikeln im Modellmaßstab wollten die Ingenieure eine bemannte Ausführung für den Unterschallbereich testen. Dazu entwarfen die Konstrukteure ein schwanzloses Deltaflugzeug, bei dem die Rumpfform für Auftrieb sorgte. Diese für Raumgleiter typische Auslegung wird auch als Tragrumpf oder Lifting Body bezeichnet. Die flache Unterseite sollte den Wiedereintritt in die Erdatmosphäre erleichtern. Im Gegensatz zu den raketengetriebenen Vertretern aus den USA verfügte der sowjetische Entwurf über ein im Heck untergebrachtes Turbojet-Triebwerk, um das Manövrieren zu erleichtern oder ein Durchstarten zu ermöglichen. Als Fahrwerk kamen ausfahrbare Kufen zum Einsatz. Für die ersten Bodenversuche in Atschubinsk erhielt die Maschine jedoch Räder an den vorderen Kufen. Am 20. Juli 1976 machte die 105 einen ersten Hopser und blieb fast 15 Sekunden in der Luft. Dabei erreicht sie eine Höhe von zwölf Metern. Für große Höhen reichte die Leistung des eigentlich als Hubtriebwerk für Senkrechtstarter entwickelten Aggregats aber nicht aus. Als „Mutterschiff" diente daher eine Tupolew Tu-95K. Das Duo absolvierte 14 Flüge ohne Trennung, bis schließlich am 27. Oktober 1977 der erste Abwurf anstand. Testpilot Awiard Fastowets brachte die 105 aus einer Höhe von 5500 Metern sicher auf den Boden zurück. Um die Reibung der Kufen zu reduzieren hatte der Legende nach die Testmannschaft den Landebereich mit zerquetschten Melonen gepflastert. Fünf weitere Flüge folgten, bis das Projekt zu Gunsten des Buran-Raumgleiters aufgegeben wurde. Bei der letzten Landung wurde das Gefährt beschädigt und kam später ins Museum. ◄

Typ	Versuchsflugzeug
Erstflug	27. November 1977
Produktion	ein Exemplar
Verbleib	Museum in Monino
Besatzung	1
Antrieb	ein Kolessow RD-36-35K mit 19,61 kN Schub
Länge	10,6 m
Spannweite	6,7 m
Leermasse	3500 kg
Max. Startmasse	4220 kg
Höchstgeschwindigkeit	800 km/h

Mikojan-Gurewitsch MiG-13

Mit einem zusätzlichen Strahlantrieb sollte der Propeller-Jäger die Lücke bis zur Indienststellung der ersten Jets in der Sowjetunion schließen.

Auf der Suche nach Mitteln, die Geschwindigkeit von Propeller-Jagdflugzeugen zu steigern, erdachten die Forscher beim zentralen sowjetischen Institut für Luftfahrtmotoren während des Zweiten Weltkriegs eine frühe Form des Strahlantriebs. Hier trieb ein Kolbenmotor – wenn gewünscht – über eine Kupplung einem einstufigen Axialverdichter an. Dieser beförderte die Luft in eine Brennkammer, wo sie nach dem Entzünden aus einer Düse austrat und so zusätzlichen Schub lieferte. Das Mikojan-Gurewitsch-Konstruktionsbüro erhielt schließlich den Auftrag, einen Jäger zur Erprobung des Konzeptes zu entwickeln. Daraufhin entstand mit der I-250 ein relativ kleines Flugzeug, dessen Cockpit sehr weit hinten angeordnet war. Obwohl die ersten beiden Prototypen verunglückten schien das neue System zu funktionieren, und Stalin befahl den Bau von zehn Maschinen, die zur jährlichen Luftparade am 7. November 1946 den Roten Platz überfliegen sollten. In aller Eile entstanden zumindest neun flugfähige Exemplare, aber der Vorbeiflug fiel dem schlechten Wetter zum Opfer. Der I-250 folgte die Serienvariante MiG-13, die unter anderem ein vergrößertes Seitenleitwerk erhielt. Die Produktion endete nach relativ wenigen Exemplaren. An den reinen Strahlflugzeugen lief einfach kein Weg vorbei. ◂

Typ	Jagdflugzeug
Erstflug	3. März 1945
Produktion	ca. 30 bis 50 Exemplare
Verbleib	keine Maschine mehr erhalten
Besatzung	1
Antrieb	ein Klimow WK-107A mit 1070 kW Leistung plus Zusatzstrahlantrieb (Gesamtleistung ca. 2063 kW)
Länge	8,19 m
Spannweite	9,5 m
Höhe	4,25 m
Leermasse	3028 kg
Startmasse	3931 kg
Höchstgeschwindigkeit	825 km/h
Reichweite	1818 km
Bewaffnung	drei 20 mm-Kanonen

Mil W-12

Bis heute ist die W-12 der größte jemals gebaute Hubschrauber der Welt. Trotz seiner Rekorde ging er nicht in Serie.

Obwohl Mil mit der Mi-6 schon einen riesigen Hubschrauber geschafften hatte wollten die Offiziellen noch mehr: Die neue Maschine sollte bis zu 25 Tonnen transportieren können und einen Frachtraum besitzen, dessen Maße denen der größten damaligen Transportflugzeuge ebenbürtig waren. Die Ingenieure machten sich an die Arbeit und entwarfen zunächst einen Helikopter mit Tandemrotoren. Um die Sachen wenigstens etwas zu vereinfachen nahmen sie einfach zwei Hauptrotor- und Antriebseinheiten der Mi-6. Aber in dieser Größenordnung funktionierte die Tandemanordnung nicht, und ein einzelner Riesenrotor erwies sich ebenfalls als nicht praktikabel. Schließlich entschied man sich, die beiden Rotoren seitlich anzuordnen. Knackpunkt dieser Variante blieb allerdings das Finden leichter aber trotzdem ausreichend stabiler Rotorträger. Bis zu diesem Zeitpunkt hatte sich kein Muster mit dieser Auslegung durchsetzen können, weder im Osten noch im Westen. Trotzdem ließen sich die Techniker nicht entmutigen und arbeiteten verbissen an der W-12, bis der Riese am 17. Juni 1967 zunächst einige Hüpfer machen konnte. Bis zum ersten erfolgreichen Flug sollte es allerdings bis zum 10. Juli 1968 dauern. Später folgten zahlreiche Nutzlast-Rekorde, und im Jahr 1971 galt der Gigant als der Star der Luftfahrtmesse in Le Bourget. Trotz aller Erfolge litt das Programm unter Verspätungen – so musste der zweite Prototyp fast ein Jahr auf seinen Antrieb warten. Auch bei den sowjetischen Luftstreitkräften schien das Monstrum in Ungnade gefallen zu sein. Es erschien den Generälen einfach als zu groß und zu teuer; außerdem war ihre vorgesehene Hauptaufgabe der schnellen Verlegung von Nuklearraketen inzwischen weggefallen. Daher endete das Programm 1974 wohl auch im Hinblick auf die Tatsache, dass bei Mil schon mit der Mi-26 ein viel modernerer Transporthubschrauber entstand. ◂

Typ	Transporthubschrauber
Erstflug	17. Juni 1967
Produktion	zwei Exemplare
Verbleib	erste Maschine im Mil-Werk in Panki bei Moskau, zweite W-12 im Museum in Monino
Besatzung	6
Antrieb	vier Solowjow D-25WF mit je 4800 kW Leistung
Länge	37 m
Breite	67 m
Rotordurchmesser	35 m
Höhe	12,5 m
Leermasse	69 100 kg
Max. Startmasse	105 000 kg
Höchstgeschwindigkeit	260 km/h
Reichweite	500 km

Miles M.39 Libuella

Mit viel Engagement wollte George Miles seine Vision eines Tandemflüglers umsetzen, aber die britischen Behörden teilten seinen Enthusiasmus nicht.

Nicht umsonst wählte George Miles den Namen „Libuella“, schließlich erinnert der Doppelflügel der Libelle an seinen Entwurf mit Tandem-Tragflächen. Mit dieser ungewöhnlichen Anordnung hoffte er Anfang der 40er Jahre, einige Probleme der damaligen Trägerflugzeuge zu beheben. Die Verwendung des Flügelpaares versprach niedrigere Anfluggeschwindigkeiten und platzsparende Spannweiten. Um die Vorteile seiner Idee unter Beweis zu stellen entstand innerhalb kürzester Zeit die M.35, die über äußerst schlechte Flugeigenschaften verfügte. Eine Anwendung als Jäger kam so nicht in Frage. Stattdessen konzentrierte sich Miles auf eine Ausschreibung für einen mittleren Bomber – übrigens alles als private Unternehmung ohne das Wissen des eigentlich zuständigen Ministeriums für Flugzeugproduktion. Erst im Juli 1942 stellte er seinen neuen Entwurf der M.39 offiziell vor. Das Interesse hielt sich gelinde gesagt in Grenzen, und so baute Miles wieder im Geheimen mit der M.39B eine maßstäblich verkleinerte Ausführung. Trotz allen Ärgers ließ sich das Ministerium daraufhin dann doch zu einer offiziellen Erprobung und dem Kauf des Testflugzeugs hinreißen. Für einen Serienauftrag reichte es jedoch nicht. ◄

Typ	Versuchsflugzeug (M.39B)
Erstflug	22. Juli 1943
Produktion	ein Exemplar
Verbleib	verschrottet
Besatzung	1
Antrieb	zwei de Havilland Gipsy Major IC mit je 97 kW Leistung
Länge	6,81 m
Spannweite	7,62 m vorne, 11,43 m hinten
Höhe	2,82 m
Leermasse	1091 kg
Max. Startmasse	1452 kg
Höchstgeschwindigkeit	267 km/h

Miles M.57 Aerovan

Obwohl der Transporter wie ein fliegendes Ei aussah und wieder einmal die Beamten verärgerte konnte er einige Aufträge verbuchen. Die Firmenpleite von Miles ließ sich aber nicht verhindern.

Nach einer Reihe erfolgreicher Leichtflugzeuge und Trainer wollte George Miles einen leichten Mehrzweckfrachter als „Lastwagen der Lüfte" auf den Markt bringen. Der Aerovan erhielt daher einen ovalen Rumpf, dessen Heck zur Beladung komplett aufgeklappt werden konnte. Trotz seiner geringen Größe und überschaubaren Motorisierung konnte das Muster fast eine Tonne Nutzlast transportieren, und die im Januar 1945 begonnene Erprobung zeigte gute Flugeigenschaften. Alles hätte so schön sein können, aber wieder hatte Miles eine Maschine gebaut, ohne das zuständige Ministerium für Flugzeugproduktion in Kenntnis zu setzen. Als er schließlich den Transporter für die Verwendung bei der britischen Armee anbot bekam er Post vom Minister persönlich, mit dem Befehl, die Arbeiten sofort einzustellen. Erst nach Ende des Krieges konnte Miles mit dem Aerovan auf dem zivilen Sektor ansatzweise durchstarten und zumindest fast 50 Exemplare bauen, bis das Unternehmen 1947 Konkurs anmelden musste. Im Jahr 1957 modifizierte das französische Unternehmen Hurel-Dubois zu Testzwecken einen Transporter mit einer neu entwickelten Tragfläche zur HDM.105. ◄

Typ	Transportflugzeug
Erstflug	26. Januar 1945
Produktion	48 Exemplare
Verbleib	vermutlich keine komplette Maschine mehr erhalten
Besatzung	2 plus bis zu zehn Passagiere
Antrieb	zwei Blackburn Cirrus Major IIA mit je 110 kW Leistung
Länge	11 m
Spannweite	15 m
Höhe	4,11 m
Leermasse	1361 kg
Startmasse	2631 kg
Höchstgeschwindigkeit	204 km/h
Reichweite	640 km

Mjassischtschew M-50

Nach dem Auftauchen des ersten Überschallbombers der UdSSR wies ihm die NATO den Code-Namen „Bounder" zu. Damit war der PR-Trick der sowjetischen Führung aufgegangen.

Gerade für westliche Beobachter waren die sowjetischen Luftparaden immer für eine Überraschung gut. Da machte die Veranstaltung in Tuschino am 9. Juli 1961 keine Ausnahme. Besonders der ohrenbetäubende Überflug eines großen aber schnittigen vierstrahligen Jets verblüffte die Zuschauer: die Sowjetunion hatte einen Überschallbomber! Fast niemand wusste damals allerdings, dass das Programm zu diesem Zeitpunkt längst Geschichte war. Das sah ein Jahrzehnt zuvor noch ganz anders aus. Anfang der 50er Jahre hatte die Entwicklung von strahlgetriebenen Jagdflugzeugen in der UdSSR schnellere Fortschritte als die der Bomber gemacht. Als die Staatsführung von den amerikanischen Bestrebungen für ein überschallfähiges Muster erfuhr, befahl sie die Konstruktion eines eigenen Entwurfs. Die Aufgabe ging schließlich an das Konstruktionsbüro von Wladimir Mjassischtschew. Dort untersuchten die Ingenieure zunächst einige sehr exotische Auslegungen, bis sie sich auf ein eher konventionelles Design der M-50 mit je zwei Triebwerken unter der deltaförmigen Tragfläche und an den Flügelspitzen einigten. Unter hohem Zeitdruck mussten sie einige Herausforderungen lösen, allen

Typ	Überschall-Bomber
Erstflug	27. Oktober 1959
Produktion	ein Exemplar
Verbleib	Museum in Monino
Besatzung	2
Antrieb	zwei Dobrynin WD-7BA mit je 93,2 kN an den Flügelspitzen und zwei WD-7MA mit 156,9 kN (Nachbrenner) unter der Tragfläche
Länge	57,48 m
Spannweite	25,1 m
Höhe	8,25 m
Leermasse	78 860 kg
Max. Startmasse	145 000 kg
Höchstgeschwindigkeit	1950 km/h (geschätzt)
Reichweite	13 160 km (geplant)
Bewaffnung	30 000 kg Waffen im Bombenschacht (geplant)

voran das Fehlen des vorgesehenen Antriebs. Daher kam als Übergangslösung das WD-7 zum Einsatz, und das Flugzeug erhielt die Bezeichnung M-50A. Am 27. Oktober 1959 konnte der ungewöhnliche Jet dann endlich zu seinem Jungfernflug starten, und die anschließende Erprobung verlief zunächst ohne größere Probleme. Im Mai 1960 riss sich die M-50A jedoch bei Bodenläufen los und krachte in einen Bison-Bomber und einen Hangar. Die Reparaturen dauerten zwei Monate. Inzwischen hatte die Maschine an den inneren Positionen das mit Nachbrenner ausgestattete WD-7MA erhalten. Zu eingehenden Tests und Leistungserfassung kam es nicht mehr, denn es erfolgten nur noch die Vorbereitungsflüge für die Parade in Tuschino. Anschließend war endgültig Schluss, da Parteichef Nikita Chruschtschow alle Bomber-Projekte zugunsten ballistischer Interkontinentalraketen aufgeben ließ. Die fast fertige, dem Serienstandard entsprechende M-52 endete auf dem Schrott, während die M-50 später ins Museum nach Monino kam. ◂

Mjasischtschew WM-T Atlant

Zum Transport sperriger Komponenten des Buran-Raumfahrtprogramms entwickelten die Ingenieure diesen „Huckepack"-Transporter.

Als Gegenstück zum amerikanischen Space Shuttle arbeitete die Sowjetunion in den 70er Jahren an einer eigenen Raumfähre, dem Buran-Programm. Aufgrund der enormen Distanzen zwischen den Fertigungsorten und dem Raumfahrtzentrum in Baikonur kam ein Transport wichtiger Komponenten nur auf dem Luftweg in Frage. Zu diesem Zweck sollte Antonow ein entsprechendes Transportflugzeug entwickeln und schlug eine Maschine auf Basis der An-124 Ruslan vor – die spätere An-225 Myria. Doch das Raumfahrtprogramm machte schnellere Fortschritte als der Transporter, und so musste eine Übergangslösung gefunden werden. Das Mjassischtschew-Konstruktionsbüro warf eine Variante des strategischen Bombers 3M „Bison" ins Rennen, die ihre Last Huckepack auf dem Rücken tragen sollte. Vor allem das Heck stand im Fokus der im Jahr 1978 begonnenen Entwurfsarbeiten. Um das bisher einteilige Leitwerk aus den von der Außenlast erzeugten Turbulenzen zu halten wählten die Konstrukteure ein neues Leitwerk mit zwei Endscheiben. Außerdem verlängerten sie den hinteren Rumpf um sieben Meter und verstärkten die Struktur entsprechend. Als Antrieb kam das stärkere WD-7MD zum Einsatz. Weitere Modifikationen umfassten ein angepasstes Flugsteuerungs- und Treibstoffsystem, verstärkte äußere Fahrwerke und Gestänge auf dem Rumpf zur Befestigung des Transportguts. Das Konstruktionsbüro erhielt schließlich von den sowjetischen Luftstreitkräften drei Bisons zum Umbau.

Zu Ehren des am 14. Oktober 1978 verstorbenen Konstrukteurs Wladimir Mjassischtschew erhielt der Transporter die Bezeichnung WM-T und den Namen „Atlant" nach dem riesigen Himmelsträger Atlas aus der griechischen Mythologie. Keine zwei Jahre nach Beginn der Arbeiten konnte das erste Exemplar am 29. April 1981 zu seinem Jungfernflug starten. Der erste Flug mit einer Nutzlast erfolgte am 6. Januar 1982, ein wahrlich spektakulärer Anblick, denn der Tank der Energija-Startrakete entsprach fast der Länge seines Trägers, und der Durchmesser war mehr als doppelt so groß wie der Rumpfquerschnitt der Atlant. Am 25. Januar 1982 stieß das zweite Flugzeug zur Flotte. Insgesamt führten die beiden WM-T mehr als 150 Flüge nach Baikonur durch. Die maximale Nutzlast der WM-T betrug 32 Tonnen. Zur Be- und Entladung dienten zwei riesige Gerüste (60 Meter breit und 20 Meter hoch), je eines in Shukowski und in Leninsk bei Baikonur. Ende 1988 begann dann die An-225 ihre Flugerprobung und verdrängte die Atlants. Mit dem Zusammenbruch der Sowjetunion endete aber auch das Buran-Programm. Pläne für die Verwendung der WM-T als Startplattform für Raumfahrzeuge blieben auf dem Reißbrett, und so wurden die beiden Muster eingelagert.

Typ	Transportflugzeug
Erstflug	29. April 1981
Produktion	zwei Exemplare plus statische Testzelle
Verbleib	abgestellt in Shukowski und Djagilewo
Besatzung	5-6
Antrieb	vier Dobrynin WD-7MD mit je 105,42 kN Schub
Länge	51,23 m
Spannweite	53,14 m
Höhe	10,6 m
Leermasse	78 700 kg
Max. Startmasse	200 000 kg
Höchstgeschwindigkeit	580 km/h
Reichweite	ca. 1500 km
Nutzlast	32 000 kg

Moynet 360 Jupiter

Frankreich

Trotz vielversprechender Leistungen wurde das mit Schub- und Druckpropeller ausgestattete Reiseflugzeug Opfer der Politik.

Der französische Testpilot André Moynet sah Anfang der 60er Jahre eine Marktlücke für ein Reiseflugzeug, das die Vorteile einer leichter zu fliegenden einmotorigen Maschine mit den Leistungen einer Zweimot kombinierte. Um dies zu erreichen arrangierte er die zwei Triebwerke tandemartig vorne und hinten am Rumpf. So mussten sich die Piloten beim Ausfall eines Aggregats nicht um einen asymmetrischen Flugzustand Sorgen machen. Da Moynet nicht über ein Produktionsunternehmen verfügte entstand die 360-4 als erster Prototyp bei Matra. Sie bot Platz für bis zu fünf Personen und flog erstmal am 17. Dezember 1963. Eine offizielle Erprobung des französischen Flugtestzentrums brachte gute Resultate, und die Jupiter genannte Maschine erhielt am 23. März 1965 ihre Zulassung. Kurz vor dem Aerosalon in Le Bourget im Juni 1965 kam die zweite Maschine hinzu, die 360-6 mit verlängertem Rumpf und stärkeren Motoren. Beide Flugzeuge erregten auf der Messe jede Menge Aufsehen und gingen anschließend auf Europa-Tournee. Inzwischen hatte Sud Aviation auf staatliche Anweisung hin die Fertigungsrechte von Matra übernommen, aber die für Privatflugzeuge zuständige Abteilung SOCATA zeigte wenig Interesse an dem Projekt. Da sich auch keine Verkaufserfolge einstellten – obwohl der Markt eigentlich da gewesen wäre – schlief das Jupiter-Programm langsam ein, von Moynet geplante Weiterentwicklungen mit Turboprop- und Jetantrieben blieben auf dem Reißbrett. Der Pilot und Rennfahrer verstarb schließlich im Jahr 1993. ◄

Typ	Reiseflugzeug
Erstflug	17. Dezember 1963
Produktion	zwei Exemplare
Verbleib	360-4 eingelagert Musée de l'Air in Le Bourget, 360-6 flugfähig restauriert in Angers
Besatzung	1 plus bis zu sechs Fluggäste (360-6)
Antrieb	zwei Lycoming IO-540 mit je 216 kW Leistung
Länge	8,77 m
Spannweite	11,49 m
Höhe	2,46 m
Leermasse	1338 kg
Startmasse	2390 kg
Höchstgeschwindigkeit	363 km/h
Reichweite	2060 km

NASA AD-1

USA

Dass die NASA selbst ein Flugzeug konstruiert ist selten genug, aber an einen solch bizarren Schrägflügler – bis heute das einzige bemannte Fluggerät seiner Art in der Luft – hätten sich womöglich kaum kommerzielle Flugzeugbauer herangewagt.

Die Forschungen des NASA-Aerodynamikers Robert T. Jones ließen vermuten, dass ein Flugzeug mit einer schräg verstellbaren Tragfläche enorme Vorteile beim Treibstoffverbrauch bieten könnte. Dabei ist der Flügel in der Mitte an einem Angelpunkt am Rumpf befestigt. Für Start und Landung steht er gerade, während er sich im Reiseflug dreht. Das heißt eine Flügelspitze geht nach vorne, während die andere nach hinten zeigt, so dass das Fluggerät von oben gesehen einer Schere ähnelt. Erste Studien zu diesem Thema waren bereits während des Zweiten Weltkriegs in Deutschland erfolgt. Allerdings sollte es noch bis in die 70er Jahre dauern, bis nach zahlreichen Modellversuchen die Entscheidung zum Bau eines bemannten Forschungsflugzeugs fiel. Auch Boeing und Lockheed studierten die mögliche Verwendung des Schrägflügelkonzepts für Großtransporter oder sogar Überschallverkehrsflugzeuge. Zunächst erwog die NASA die Modifikation einer Vought F-8 Crusader, entschloss sich dann aber zum Bau eines neuen und kostengünstigeren Demonstrators. Die Bezeichnung AD-1 setzte sich aus den Namen der beiden beteiligten Zentren Ames und Dryden zusammen. Aber wer sollte den Entwurf letztendlich in die Realität umsetzen? Die Lösung lag in Burt Rutan, der den Forschern für den Schnäppchenpreis von 261 350 Dollar einen fertigen Jet auf den Hof stellte, dessen Tragfläche sich im Bereich von null bis 60 Grad mit der rechten Flügelspitze nach vorne verstellen ließ. Die AD-1 führte vom 21. Dezember 1979 bis zum 7. August 1982 insgesamt 79 Flüge durch, die letzten davon während der berühmten Airshow in Oshkosh. Obwohl der Minijet durchaus die Vorteile des Schrägflügels unter Beweis stellte erwiesen sich die Flugeigenschaften ohne Fly-by-Wire-Steuerung als ziemlich unangenehm, so dass das Konzept bei den Flugzeugbauern im Regal verschwand. ◂

Typ	Versuchsflugzeug
Erstflug	21. Dezember 1979
Produktion	ein Exemplar
Verbleib	Hiller Aviation Museum, Kalifornien
Besatzung	1
Antrieb	zwei Microturbo TRS-18 mit je 0,98 kN Schub
Länge	11,83 m
Spannweite	9,85 bis 4,93 m
Höhe	2,06 m
Leermasse	658 kg
Startmasse	973 kg
Höchstgeschwindigkeit	320 km/h

North American YF-107A

Dem letzten Jäger aus dem traditionsreichen Haus von North American Aviation Inc. war kein Erfolg beschieden. Sein Markenzeichen war der Lufteinlauf auf dem Rücken.

Mit der F-86 Sabre und der F-100 Super Sabre gelangen North American berühmte und viel produzierte Jagdflugzeuge. Diese Erfolge wollte das Unternehmen im Juli 1953 mit einem neuen Muster fortsetzen und wählte die bewährte F-100 als Grundlage. Da die US Air Force einen Allwetter-Jäger suchte mussten die Ingenieure aber ein Radargerät im Bug unterbringen und verlegten daher den Lufteinlauf auf den Rumpfrücken. So wollten sie mögliche Probleme beim Abfeuern der Bewaffnung verhindern, die ihrer Meinung nach bei einem unter der Nase angeordnetem Kanal auftreten konnten. Die Flugsteuerung besaß erstmals ein System zur Verstärkung der Steuerimpulse und zur Verbesserung der Seitenstabilität. Mittlerweile hatte die USAF aber ihre Anforderungen geändert und suchte nun einen überschallschnellen Jagdbomber zum Einsatz von taktischen Atomwaffen. Die Konstrukteure passten den Entwurf ihrer YF-100B entsprechend an. Von der ursprünglichen Super Sabre war allerdings nicht mehr viel übrig, so dass sich die Bezeichnung kurz darauf in YF-107A änderte. Drei Exemplare sollten später im Wettbewerb gegen die Republic F-105 Thunderchief antreten.

Der Erstflug am 10. September 1956 verlief zunächst sehr gut – die YF-107A schaffte sogar direkt Mach 1 – aber bei der Landung versagte der Bremsschirm. Das Bugfahrwerk brach, die Maschine ließ sich jedoch in kurzer Zeit reparieren. Die anschließende Erprobung verlief zwar erfolgreich, aber im März 1957 entschied sich die US-Luftwaffe für den Kauf der F-105. Bis Ende der 50er Jahre flogen zwei Exemplare von North Americans letztem Jäger noch als Versuchsflugzeuge in Edwards, dann war ihre Karriere endgültig zu Ende. ◂

Typ	Jagdbomber
Erstflug	10. September 1956
Produktion	drei Exemplare
Verbleib	je ein Exemplar verschrottet, im Pima Air and Space Museum (Tucson) und im National Museum of the United States Air Force (Dayton)
Besatzung	1
Antrieb	ein Pratt & Whitney YJ75-P-9 mit 109 kN Schub
Länge	18,84 m
Spannweite	11,15 m
Höhe	5,99 m
Leermasse	10 295 kg
Max. Startmasse	18 841 kg
Höchstgeschwindigkeit	Mach 2.0
Reichweite	3907 km
Bewaffnung	vier 20 mm-Kanonen M-39 und 4536 kg Außenlasten

Nord 500

Wie ein Kolibri sollte der zierliche Einsitzer durch die Luft flattern. Doch die angestrebte Produktfamilie blieb für immer auf dem Papier.

Wie ihre Kollegen in den USA sahen die Ingenieure bei Nord Aviation Mitte der 60er Jahre in schwenkbaren, ummantelten Propellern eine Möglichkeit für zukünftige Senkrechtstarter. Wie gut sich das Konzept wirklich eignet wollten sie mit einem kleinen Testträger feststellen. Hier versorgten zwei Wellenturbinen von Allison die zwei Luftschrauben mit einem Durchmesser von je 1,6 Metern über ein Getriebe von Hispano-Suiza mit Drehzahlen. Die einsitzige Nord 500 sollte das Verhalten im Schwebeflug und beim Übergang in den Geradeausflug erproben. Aber die Steuerung des Gefährts erwies sich als katastrophal, wie der nur einminütige Erstflug oder eher „Ersthopser" am 23. Juli 1968 zeigen sollte. Aus weiser Voraussicht fanden diese und einige weitere Missionen an einer Sicherheitsleine statt. Die Probleme waren mit dem damaligen Stand der Technik ohne weitere Investitionen einfach nicht in den Griff zu bekommen. Dabei hatten die Konstrukteure sogar eine ferngesteuerte Variante im Blick, die heutige Transportdrohnen-Projekte um Jahrzehnte vorweggenommen hätte. Obwohl sich auch größere und leistungsfähigere, bemannte Varianten in Planung befanden endeten alle entsprechenden Projekte im Jahr 1971, als Nord im Konzern Aerospatiale aufging. Mit der Übernahme verlieren sich auch die Spuren der Nord 500. ◂

Typ	Senkrechtstart-Versuchsflugzeug
Erstflug	23. Juli 1968
Produktion	ein Exemplar plus statische Testzelle
Verbleib	vermutlich verschrottet
Besatzung	1
Antrieb	zwei Allison 250-C18 mit je 235 kW
Länge	6,5 m
Spannweite	6,14 m
Höhe	3,05 m
Startmasse	1250 kg
Höchstgeschwindigkeit	350 km/h

Griffon II

Nord 1500 Griffon

Frankreich

Mit Rekordgeschwindigkeit ans Ziel sollte der geplante Abfangjäger donnern, ermöglicht von einem ungewöhnlichen Kombinationsantrieb.

Die aufkommende Gefahr durch feindliche Überschallbomber ließ das französische Luftfahrtministerium Anfang der 50er Jahre kuriose Wege gehen. Die Beamte suchten einen Jäger, der möglichst schnell auf Geschwindigkeit kommt und so herannahende Angreifer rechtzeitig abfangen konnte. Daher befand sich eine große Reichweite nicht auf der Agenda. Speed war gefragt, aber mit den damaligen Strahltriebwerken schien das Unterfangen aussichtslos. Hier kam wieder der schon von den Leduc-Mustern bekannte Staustrahlantrieb ins Spiel. Um die Nachteile bei niedrigen Geschwindigkeiten auszugleichen kombinierten die Ingenieure daraufhin bei der Société Nationale des Constructions Aéronautiques du Nord einen Turbojet für Start und Landung mit einem Staustrahlantrieb für den Reiseflug. Dies klang jedoch einfacher als es in Wirklichkeit war. Im Wesentlichen bestand der Entwurf aus einem ausladenden Rumpfzylinder für den Antrieb, den die Konstrukteure mit einer deltaförmigen Tragfläche und Entenflügeln kombinierten. Der Pilot fand im über dem enormen Lufteinlauf angeordneten Cockpit Platz. Am 24. August 1953 bestellte das Ministerium schließlich zwei Prototypen.

Nur knapp zwei Jahre später, am 20. September 1955, war Testpilot André Turcat schon mit der ersten Maschine in Villaroche in der Luft. Bei der mit einem Turbojet Atar 101 F ausgestatteten Griffon I hatte Nord allerdings aus Sicherheitsgründen auf den Staustrahlantrieb verzichtet, um zunächst die generelle Flugfähigkeit des Musters sicherzustellen. Mit Erfolg: Die Maschine flog insgesamt 156 Mal ohne große Probleme und machte so den Weg frei für die Griffon II. Hier ging es ans Eingemachte: Die nötige Ringbrennkammer des Staustrahlantriebs besaß einen Durchmesser von satten 1,5 Metern. Sie umhüllte das Abgasrohr des im Einlaufschacht angeordneten und entsprechend verkleideten Atar 101 E-3. Sowohl Luftzufuhr als auch Abgasstrahl waren voneinander getrennt, um negative Überlagerungen zu verhindern. Die Treibstoffpumpen konnten dabei den Antrieben bis zu elf Liter pro Sekunde zuführen.

Am 23. Januar 1957 hob Michel Chalard in Istres erstmals mit dem Kombi-Jet von der Piste ab. Beim Flug am 26. April 1957 war es dann endlich soweit: Die Ingenieure gaben grünes Licht für den Einsatz des Staustrahlantriebs. Trotz seiner Komplexität funktionierte der kombinierte Antrieb überraschend gut, und die Griffon II stellte mehrere damals fast unglaubliche Steigleistungsrekorde auf – unter anderem in drei Minuten und 35 Sekunden auf 15 000 Meter, und das bei stehendem Start. Nur ein Problem bekamen die Ingenieure nicht in den Griff: die dosierte Schubsteuerung des Staustrahlers, die man fast als digital bezeichnen könnte: Vollgas oder gar nichts. Anfang der 60er Jahre hatten die konventionellen Flugzeuge leistungsmäßig enorm aufgeholt, und dem Staustrahlantrieb blieb nur der Weg ins Museum. ◄

Typ	Forschungsflugzeug
Erstflug	20. September 1955
Produktion	zwei Exemplare
Verbleib	verschrottet (Griffon I), Musée de l'Air in Le Bourget (Griffon II)
Besatzung	1
Antrieb	Kombination aus einem Strahltriebwerk SNECMA Atar 101 (34,34 kN) und einem Staustrahltriebwerk von Nord Aviation (41,20 kN in 13 716 m Höhe)
Länge	13,96 m
Spannweite	8,10 m
Höhe	5 m
Leermasse	4850 kg
Max. Startmasse	6745 kg
Höchstgeschwindigkeit	Mach 2.19

Griffon I

Northrop Nurflügler

USA

Ihrer Zeit weit voraus schienen die Flying Wings von Jack Northrop. Besonders der Jet-Bomber zeigte gute Leistungen, bekam aber aus politischen und finanziellen Gründen keine Chance.

Als 16-jähriger Teenager beobachtete John Knudsen (Jack) Northrop im kalifornischen Santa Barbara einen französischen Flugpionier beim Zusammenbau und beim Vorfliegen eines frühen Doppeldeckers. Das Ereignis im Jahr 1911 schien ihn so geprägt zu haben, dass er schon bald eine Karriere im Flugzeugbau anstrebte. Nach Positionen bei Curtiss und Douglas entwarf er bei Lockheed die fortschrittliche Vega. Aber seine revolutionären Ideen, allen voran das Konzept eines Nurflüglers, fanden bei den bestehenden Firmen wenig Anklang. So gründete er 1928 in Burbank sein eigenes kleines Unternehmen mit dem Namen Avion Corporation. Dort entstand auch sein erster „Flying Wing", der seinem Namen nicht ganz zu Recht trug. Er bestand zwar im Wesentlichen nur aus einer Tragfläche, aber im Gegensatz zu späteren Modellen gab es noch ein kleines Doppelleitwerk an dünnen, rohrförmigen Trägern. Schon bald erregten die Innovationen die Aufmerksamkeit von William E. Boeing, und im folgenden Jahr wurde Avion schließlich als Northrop Aircraft Corporation Teil der United Aircraft and Transport Corporation. Damit hatte der junge Ingenieur nun ganz andere Mittel zur Verfügung, konnte seine Konzepte aber immer noch nicht frei umsetzen. Über einige Umwege rief er schließlich im August 1939 Northrop Aircraft Inc. ins Leben und war endlich unabhängig. Damit hieß es Bahn frei für eine ganze Reihe ungewöhnlicher Nurflügler. Den ersten echten Flying Wing stellte die N-1M dar, da sie über keine separaten Leitwerke mehr verfügte und alle Systeme einschließlich Cockpit in der Tragfläche untergebracht waren. Für die nötige Seitenstabilität sollten die nach unten abgeknickten Flügelenden sorgen. Im Sommer 1940 zeigte ein ungewollter Hopser bei Rollversuchen, dass aufgrund des deutlich geringeren Luftwiderstandes wesentlich geringere Geschwindigkeiten zum Abheben nötig waren als bei den damaligen, konventionellen Flugzeugen. Bis Ende 1941 erfolgten mehr als 200 Flüge mit der „Jeep" genannten Maschine, die im Lauf der Tests auch ungeknickte Flügelspitzen erhielt. Sie ist heute beim Smithsonian Institue eingelagert.

Northrop JB-1

Northrop N-1M

Die positiven Ergebnisse beeindruckte die Führung der US Army Air Forces (USAAF) derart von den Vorteilen dieser Auslegung, dass sie die Entwicklung eines Langstreckenbombers mit der Bezeichnung YB-35 in Auftrag gab. Um das Risiko zu reduzieren entschloss sich Northrop zum Bau einer maßstäblich verkleinerten Variante, um ers-

Der erste „Flying Wing" von Jack Northrop.

Northrop N-9M

te Flugerfahrungen zu sammeln. So entstand die N-9M, die etwa ein Drittel der Größe des Bombers aufwies, und am 27. Dezember 1942 zu ihrem Jungfernflug startete. Nach rund 50 Flügen stürzte sie jedoch Anfang 1943 über dem Gebiet der heutigen Edwards Air Force Base ab, der Testpilot konnte sich nicht mit dem Fallschirm retten. Trotz des Unglücks gingen die Versuche mit drei weiteren N-9M weiter. Gleichzeitig liefen aber auch streng geheime Versuche mit einem Nurflügler als Vorstufe zu einem raketengetriebenen Abfangjäger, bei dem sich der Pilot in liegender Position im Cockpit befand. Nach einigen Flügen mit der Segler-Variante MX-324 folgte am 5. Juli 1944 der erste Raketenstart der MX-334. Der „Rocket Wing" blieb aber im Projektstadium und ist heute ebenfalls im Besitz des Smithsonians. Der Antrieb hatte sich einfach als nicht wirklich geeignet erwiesen. Dies sollte sich mit der XP-79B Flying Ram ändern. Sie bekam zwei Turbojets und zwei Leitwerke verpasst, aber der Erstflug am 12. September 1945 endete tödlich. Obwohl der Grund für den Absturz nie gefunden wurde – die aus Magnesium bestehende Struktur verbrannte völlig – bedeutete das Unglück das Aus für das Vor-

Northrop XP-79B Flying Ram

Die YB-35 verfügte über Doppelluftschrauben.

Die YB-35 flog erstmals am 25. Juni 1946.

haben. Ebenfalls nicht in Serie ging die JB-1, eine fliegende Bombe in Nurflügel-Format. Zur Erprobung baute Northrop allerdings einen einsitzigen Segler.

Derweil nahm der riesige Bomber weiter Form an und schien direkt aus der Zukunft eingeflogen zu sein. Selbst die vier Triebwerksgondeln an der Hinterkante mit ihren mächtigen Doppelluftschrauben konnten diesen Eindruck nicht trüben. Am 25. Juni 1946 war es schließlich soweit: die erste von zwei XB-35 hob in Hawthorne ab und landete wenig später ohne Probleme in Muroc. Jack Northrops Traum schien in Erfüllung gegangen zu sein. Aber mittlerweile befand sich der Strahlantrieb unaufhaltsam auf dem Vormarsch, und

Der Antrieb der YB-35 bestand aus vier R-4360 Sternmotoren von Pratt & Whitney.

schon bald bekam Northrop den Auftrag, zwei der 13 bestellen YB-35-Vorserienflugzeuge mit Turbojets umzurüsten. Die resultierende YB-49 erhielt acht J35-Triebwerke von General Electric (später Allison) und zusätzliche Stabilisierungsflossen. Damit wirkte der Entwurf noch futuristischer. Auch hier verlief der Erstflug (am 21. Oktober 1947) reibungslos. Während die propellergetriebenen Nurflügler konstant unter Problemen mit Getrieben und Luftschrauben litten übertrafen die beiden Jets die Erwartungen deutlich. Bis am 5. Juni 1948 das Schicksal zuschlug: bei einem Testflug brach die zweite YB-49 aufgrund Strukturversagens in den äußeren Flügelsegmenten über Muroc in der Luft auseinander; die fünfköpfige Besatzung unter der Führung von Captain Glen Edwards kam ums Leben. Zu seinen Ehren erhielt die Basis später den Namen Edwards Air Force Base. Trotz des Unfalls bestellte die USAF 30 Exemplare einer Version als Aufklärer, die Bomber-Rolle schien kein Thema mehr. Stattdessen sollte die Produktion der B-36-Bomber aufgrund der wachsenden Spannungen zwischen den USA und der Sowjetunion so schnell wie möglich hochgefahren werden. Diesen finanziellen Zwängen fiel dann auch die Nurflügel-Bestellung zum Opfer. Trotzdem wollten die Generäle die vorhandenen YB-35 als fliegende Prüfstände weiter betreiben und ordneten ihre Umrüstung auf Jets an. Aber auch damit war Ende Oktober 1949 Schluss. Lediglich ein Flugzeug kam davon und tauschte seine Kolbenmotoren gegen vier in der Tragfläche installierte Turbojets plus zwei Einheiten in Gondeln unter dem Flügel. Mit neuer Bezeichnung YRB-49A flog sie dann am 4. Mai 1950 erstmals. Kurz zuvor, am 15. März 1950 war dann auch die Karriere der letzten YB-49 beendet, und zwar mit einem Salto: beim Rollen nahm die Besatzung eine Kurve mit zu hoher Geschwindigkeit, so dass das Bugrad abbrach. Der Jet war Schrott, aber die Crew blieb unverletzt. Der letzte aktive Flying Wing – die YRB-49A – hatte ebenfalls nicht mehr Glück, und wurde kein Jahr später eingemottet. Leider entkam auch sie nicht dem Air-Force-Befehl der kompletten Verschrottung, so dass heute von den imposanten Nurflügel-Riesen keiner mehr existiert. Im Endeffekt sollten von den rund 15 gebauten Zellen nur sechs Exemplare beider Versionen wirklich fliegen. ◂

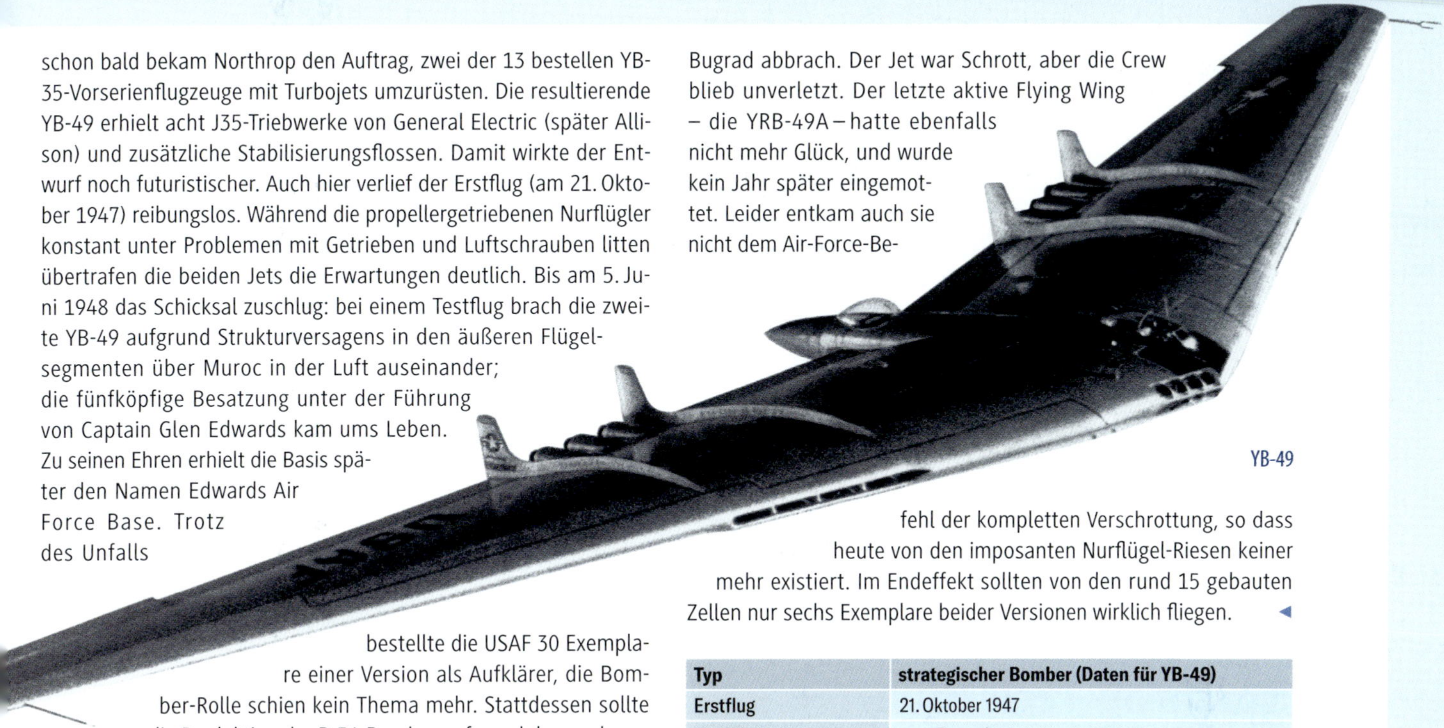

YB-49

Typ	strategischer Bomber (Daten für YB-49)
Erstflug	21. Oktober 1947
Produktion	zwei Exemplare
Verbleib	beide durch Unfälle zerstört
Besatzung	6
Antrieb	acht Allison J35-A-15 mit je 18 kN Schub
Länge	16,18 m
Spannweite	52,43 m
Höhe	4,62 m
Leermasse	40 117 kg
Max. Startmasse	87 969 kg
Höchstgeschwindigkeit	793 km/h
Reichweite	16 058 km
Bewaffnung	vier 12,7 mm-MGs in einem Heckturm, 7260 kg Bombenlast (geplant)

Die YB-49 besaß acht Jettriebwerke.

Northrop Tacit Blue

USA

Der Technologieträger ist das beste Beispiel, dass Stealth und aerodynamische Effizienz sich nicht immer vereinbaren lassen. Die Tacit Blue gilt als eines der instabilsten Flugzeuge, das jemals geflogen ist.

Quasi aus dem Blauen heraus tauchte im April 1996 im Luftfahrtmuseum der US Air Force in Dayton ein Fluggerät auf, das eher wie eine Attrappe aus einem schlechten Science-Fiction-Film anmutete. In Wahrheit handelte es sich um ein ehemals streng geheimes Stealth-Projekt, dessen Erprobung schon im Februar 1982 auf dem Top-Secret-Stützpunkt Groom Lake in Nevada – besser bekannt als Area 51 – begonnen hatte. Im Gegensatz zur kantigen Lockheed F-117A setzten die Designer auf runde und geschwungene Formen, um gegnerische Radarstrahlen abzulenken und so unsichtbar zu bleiben. Aufgrund der extrem instabilen aerodynamischen Auslegung ließ sich die Maschine nur mit Hilfe der digitalen Flugsteuerung (Fly-by-Wire) in der Luft halten. Bis 1985 führte die Tacit Blue („stilles Blau") 135 Flüge durch und wurde danach eingelagert. Die gewonnenen Ergebnisse flossen in die Entwicklung der B-2 Spirit ein. ◂

Typ	Stealth-Versuchsflugzeug
Erstflug	2. Februar 1982
Produktion	ein Exemplar
Verbleib	National Museum of the United States Air Force, Dayton
Besatzung	1
Antrieb	zwei Garrett ATF3-6 mit je 24,2 kN Schub
Länge	17,02 m
Spannweite	14,68 m
Höhe	3,23 m
Abflugmasse	13 608 kg
Höchstgeschwindigkeit	460 km/h

Northrop X-21A

Zwei ehemalige Bomber testeten ein aerodynamisches System zur Reduzierung des Treibstoffverbrauchs – mit gemischtem Erfolg.

Für künftige Großflugzeuge versprachen Studien zur Beeinflussung der Grenzschichtströmung an den Tragflächen deutliche Verbesserungen in der Aerodynamik. Ob dies auch in der Praxis der Fall war sollten zwei Forschungsflugzeuge ermitteln. Dazu stattete Northrop zwei ehemalige Wettererkundungsflugzeuge vom Typ Douglas WB-66D mit einer neuen Tragfläche aus. Damit die Triebwerke die Messungen nicht beeinflussten wanderten sie an die Seiten des Rumpfhecks. Anstelle der bisherigen Aggregate kam das J79 von General Electric zum Einsatz, aus denen Zapfluft zu speziellen Verdichtern in Verkleidungen unter dem Flügel strömte. Diese saugten einen Teil der Strömung durch feine Öffnungen ein, um insgesamt den Luftwiderstand zu verringern. Am 18. April 1963 startete die erste X-21A zu ihrem Jungfernflug, die zweite Maschine folgte am 15. August desselben Jahres. Obwohl die Tests recht erfolgreich verliefen endete das Programm 1964 ohne weitere Anwendungen. Der Aufwand, die feinen Öffnungen an der Tragfläche frei von Verstopfungen zu halten galt im regelmäßigen Flugbetrieb einfach als zu hoch. Zudem zeigten die ersten Turbofans bereits vielversprechende Einsparungen beim Treibstoffverbrauch. ◀

Typ	Forschungsflugzeug
Erstflug	18. April 1963
Produktion	zwei Exemplare
Verbleib	abgestellt auf dem Gelände der Edwards AFB
Besatzung	5
Antrieb	zwei General Electric J79-GE-13 mit je 42 kN Schub
Länge	22,94 m
Spannweite	28,51 m
Höhe	7,8 m
Leermasse	20 783 kg
Startmasse	37 727 kg
Höchstgeschwindigkeit	896 km/h

USA

Northrop XP-56

Das auch „Black Bullet" genannte Muster sah zwar schnell aus, konnte die erwarteten Leistungen aber nie erreichen.

Wenn das kein gutes Timing ist: Nur wenige Wochen, nachdem Jack Northrop die Douglas Aircraft Company verlassen und seine eigene Firma gegründet hatte, kam der Auftrag zur Entwicklung eines neuen Jägers. Um noch bessere Leistungen zu erzielen forderten die Militärs neue Auslegungen, und konnten sich in dieser Hinsicht wirklich nicht über den Entwurf der XP-56 von Northrop beschweren. Wie die Konkurrenz – unter anderem die Curtiss XP-55 – besaß die Maschine den Antrieb samt Propeller im Heck, um im Bug Platz für die Bewaffnung zu schaffen. Damit endeten aber auch schon die Gemeinsamkeiten; der kurze Rumpf ähnelte eher einem dicken Geschoss, und die Flügelenden waren nach unten geneigt. Ein Großteil der Zelle bestand aus Magnesiumlegierungen. Im September 1940 kam schließlich die Bestellung des ersten von zwei Prototypen. Seine Fertigstellung verzögerte sich jedoch, da Northrop kurzfristig den Antrieb wechseln musste: Pratt & Whitney hatte das ursprünglich vorgesehene Modell aufgegeben. Schließlich fiel die Wahl auf den R-2800-Sternmotor, der eine gegenläufige Doppelluftschraube erhielt. Im April 1943 begannen schließlich erste Rollversuche in Muroc, die Probleme bei der Motorkühlung und der Seitenstabilität offenbarten. So geriet der Erstflug am 30. September 1943 zu einer kurzen Angelegenheit, bei der Pilot John Myers nur eine Höhe von 1,5 Metern erreichte. Wenig später kam es zu einem Zwischenfall mit dem Fahrwerk, bei dem das Flugzeug einen Salto am Boden machte und irreparable Schäden davontrug. Daher dauerte es bis zum 23. März 1944, bis der zweite Prototyp die Tests wieder aufnehmen konnte. Dabei traten jedoch so viele Schwierigkeiten auf, dass wenig später die Entscheidung fiel, das Programm einzustellen. Die Leistungen blieben deutlich hinter den Erwartungen zurück, und „normalere" Jäger wie die P-51 Mustang hatten der XP-56 längst den Rang abgelaufen. ◂

Typ	Jagdflugzeug
Erstflug	30. September 1943
Produktion	zwei Exemplare
Verbleib	erste Maschine verunglückt, zweite eingelagert (Smithsonian)
Besatzung	1
Antrieb	ein Pratt & Whitney R-2800-29 mit 1492 kW Leistung
Länge	8,38 m
Spannweite	12,96 m
Höhe	3,35 m
Leermasse	3955 kg
Max. Startmasse	5520 kg
Höchstgeschwindigkeit	749 km/h
Reichweite	1063 km
Bewaffnung	zwei 20 mm-Kanonen und vier 12,7 mm-MGs (geplant)

Payen Pa 22

Mit ihrem Deltaflügel und vorderen Canards nahm das Rennflugzeug die Entwurfsmerkmale moderner Kampfflugzeuge wie die der Dassault Rafale um viele Jahrzehnte vorweg.

Der französische Ingenieur Nicolas Roland Payen hatte schon in den 30er Jahren mit ersten Studien zu Flugzeugen mit einem Deltaflügel begonnen. Für den Entwurf eines Rennflugzeugs wählte er eine damals fast ungehörige Auslegung mit einem normalen Flügel am vorderen Rumpf gefolgt von einer deltaförmigen Tragfläche mit geringer Spannweite. Den Namen „fliegender Pfeil" (Flèche Volante) trug das Gebilde zu Recht. Doch Payen konnte für die Pa 100 keinen Motor auftreiben. Erst rund ein Jahr später sicherte er sich einen Antrieb, und die nun Pa 101 bezeichnete Konstruktion flog erstmals am 17. April 1935. Noch im selben Monat beendete eine harte Landung die kurze Karriere des kleinen Renners. Payen ließ sich nicht entmutigen und arbeitete an weiteren Ausführungen seines nun „Flèchair" genannten Konzepts, von Sport- und Rennflugzeugen bis hin zu Jägern. Nur ein Entwurf schaffte es in die Werkstatt: Die Pa 22 entstand im Jahr 1939 ursprünglich als schnelles Reiseflugzeug für bis zu drei Personen. Der Beginn des Zweiten Weltkriegs verhinderte jedoch eine Erprobung. Als die deutschen Besatzer schließlich die ungewöhnliche Maschine entdeckten beschlagnahmten sie das Fluggerät und verpassten ihm deutsche Farben. Das Reichsluftfahrtministerium befahl die Erprobung, die dann nach mehreren Verzögerungen im Herbst 1941 begann. Eine Verlegung nach Rechlin konnte Payen mit Hilfe einiger Vorwände verhindern, dafür besiegelte ein alliierter Bombenangriff im April 1944 das Schicksal der Pa 22. ◄

Typ	Versuchsflugzeug
Erstflug	18. Oktober 1941
Produktion	ein Exemplar
Verbleib	bei Bombenangriff zerstört
Besatzung	1
Antrieb	ein Regnier R 6 mit 132 kW Leistung
Länge	7,48 m
Spannweite	4,8 m
Höhe	2,35 m
Leermasse	560 kg
Startmasse	955 kg
Höchstgeschwindigkeit	360 km/h

Payen Pa 49

Frankreich

Nur um eine Woche verpasste die Payen Pa 49 die Ehre, der erste mit einem Deltaflügel ausgestattete Jet Frankreichs zu sein.

Nach dem Ende des Zweiten Weltkriegs blieb Nicolas Roland Payen dem Deltaflügel treu und entwarf einen der kleinsten Jets überhaupt – gerade einmal fünf Meter lang. Die als schwanzloses Delta konzipierte Pa 49 besaß keine separaten Höhenleitwerke, und das Cockpit im Bug ging nach hinten fließend in die Seitenflosse über. In den Flügelwurzeln sorgten kleine Einläufe für die Luftzufuhr des Mini-Strahlantriebs Turbomeca Palas. Das Drei-Punkt-Fahrwerk ließ sich jedoch nicht einfahren. Nach dem Jungfernflug am 22. Januar 1954 begann ab April desselben Jahres die Erprobung beim französischen Flugversuchszentrum in Brétigny. Hier lieferten die rund 300 Flüge viele Erkenntnisse über die Eigenschaften des Deltaflügels. Nach dem Ende der Versuche 1958 stiftete Payen die Maschine dem Musée de l'Air in Le Bourget. Er entwarf noch weitere Muster, von denen nur die Arbalète in den 60er Jahren gebaut wurde, aber nicht in Serie ging. Payen verstarb im Dezember 2004 im Alter von 90 Jahren. ◂

Typ	Versuchsflugzeug
Erstflug	22. Januar 1954
Produktion	ein Exemplar
Verbleib	Musée de l'Air, Le Bourget
Besatzung	1
Antrieb	ein Turbomeca Pallas mit 1,47 kN Schub
Länge	5,1 m
Spannweite	5,16 m
Höhe	2,5 m
Leermasse	457 kg
Startmasse	650 kg
Höchstgeschwindigkeit	500 km/h
Reichweite	450 km

Piasecki HRP

USA

Urahn aller „fliegender Bananen": Die HRP war der erste einsatzreife Hubschrauber der Welt mit Tandem-Rotoren.

Schon in den frühen 40er Jahren war Frank Piasecki von den aufkommenden Drehflüglern fasziniert und schuf schließlich 1946 die Piasecki Helicopter Corporation. Zehn Jahre später entstand daraus nach seinem Weggang die Vertol Aircraft Corporation. Spätestens nach der Übernahme durch Boeing wurde die Firma zu einem der bekanntesten Hersteller von Hubschraubern. Den Grundstein dazu legte die HRP, bei der der Ingenieur erstmals zwei Rotoren hintereinander anordnete. Um einen Kontakt der Rotorblätter zu verhindern verjüngte sich der hintere Rumpf nach oben, was zum Spitznamen „fliegende Banane" führte. Der Rumpf bestand aus einem mit Stoff bespannten Stahlrohrgerüst, und als Antrieb der Serienversion kam ein R-1340-Sternmotor von Pratt & Whitney zum Einsatz. Der XHRP-1-Prototyp flog bereits im März 1945 und setzte mit einer Kapazität von bis zu acht Passagieren neue Maßstäbe beim Einsatz von Helikoptern in den USA. Natürlich blieben verschiedene Kinderkrankheiten nicht aus; so flogen einige Maschine ohne Bespannung, da sich der Stoff mitunter löste und in die Rotorblätter geriet. Daher baute Piasecki neben den 20 HRP-1 noch fünf Exemplare der HRP-2 mit einer Metallbeplankung, die sich jedoch aufgrund des zusätzlichen Gewichts als stark untermotorisiert erwies. Die meisten der ursprünglich von der US Navy bestellten Maschinen flogen bei der US Coast Guard

und dem Marine Corps. So zählte die „Banane" zur Erstausstattung der ersten Transporthubschrauberstaffel HMX-1 der Marines. Die Einheit ist heute für den Transport des US-Präsidenten zuständig. ◄

Typ	Transporthubschrauber
Erstflug	7. März 1945
Produktion	26 Exemplare
Verbleib	drei Maschinen sind erhalten geblieben: je eine HRP-1 und HRP-2 eingelagert im American Helicopter Museum (Pennsylvania) und eine HRP-1 im Classic Rotors Museum (Kalifornien)
Besatzung	2
Antrieb	ein Pratt & Whitney R-1340-AN-1 mit 447 kW Leistung
Länge	16,46 m
Rotordurchmesser	12,5 m
Höhe	4,52 m
Leermasse	2404 kg
Startmasse	3277 kg
Höchstgeschwindigkeit	169 km/h
Reichweite	483 km

USA

Piasecki YH-16

In neue Größenordnungen sollte dieser Hubschrauber stoßen, aber es blieb bei nur zwei gebauten Exemplaren. Trotz ihrer Größe setzte die YH-16A eine neue Geschwindigkeits-Bestmarke für Helikopter.

In den 50er Jahren suchte die US Air Force nach einem neuen Hubschrauber für Langstrecken-Rettungseinsätze. Daraufhin entwarf Piasecki mit der YH-16 einen Helikopter, der in Bezug auf die Größe alle bisherigen Muster deutlich übertraf. In der Kabine fanden 40 Soldaten, 32 Krankentragen oder drei Fahrzeuge in der Größenordnung eines Jeeps Platz, die sich über die Rampe im Heck verladen ließen. Da machte der Name „Transporter" Sinn, auch wenn er nicht sehr einfallsreich war. Natürlich blieben die Ingenieure der tandem-artigen Anordnung der Rotoren treu. Der erste Prototyp besaß noch zwei Kolbenmotoren, während die zweite Maschine mit der Bezeichnung YH-16A zwei Wellenleistungstriebwerke erhielt. Letztere stellte Anfang 1956 mit einer Geschwindigkeit von 267 km/h einen inoffiziellen Weltrekord auf, stürzte aber wenig später am 5. Januar 1956 ab. Der verbliebene Transporter ging zwar noch als YH-16B zur Erprobung an die US Army, aber das Projekt wurde Mitte 1956 aufgegeben. ◄

Typ	Transporthubschrauber
Erstflug	23. Oktober 1953
Produktion	zwei Exemplare
Verbleib	je eins abgestürzt und verschrottet
Besatzung	3
Antrieb	zwei Pratt & Whitney R-2180-11 mit je 1230 kW Leistung, zwei Allison YT38-A-10 mit 1342 kW (YH-16A)
Länge	23,45 m
Rotordurchmesser	24,99 m
Höhe	7,62 m
Leermasse	11 544 kg (YH-16B)
Startmasse	20 729 kg (YH-16B)
Höchstgeschwindigkeit	267 km/h (YH-16B)
Reichweite	348 km (YH-16B)

Potez 75

Mit ihrem offenen Cockpit, dem Propeller-Antrieb und der ungewöhnlichen Auslegung macht die Potez 75 den Eindruck, als ob sie aus den 30er Jahren stammen könnte. Tatsächlich entstand sie aber fast zwei Jahrzehnte später.

Die erste Entwicklung aus dem Hause Potez nach dem Zweiten Weltkrieg war für das französische Heer gedacht. Bei der Konzeption standen niedrige Betriebs- und Herstellungskosten im Vordergrund. Im verglasten Bug brachten die Ingenieure den Beobachter beziehungsweise Waffenbediener unter, während der Pilot in einem offenen Cockpit dahinter Platz fand. Die Erprobung begann 1953 in Brétigny, und im September 1954 kam der Prototyp kurzzeitig nach Deutschland, wo er vom französischen Artillerie-Korps getestet wurde. Später sah das Militär den Einsatz in den Übersee-Gebieten vor, bewaffnet mit acht ungelenkten MAC-Raketen unter der Tragfläche. Die Einsatzerprobung in dieser Rolle erfolgte in Algerien und zeigte die Notwendigkeit einiger Änderungen. So gestaltete Potez den Bug neu, um die Sicht des Beobachters nach unten zu verbessern, und der Pilot erhielt nun ein geschlossenes Cockpit. Bei einem Trainingsflug stürzte die Maschine jedoch am 1. September 1958 ab. Aus Budget-Gründen blieb es letztendlich bei dem ungewöhnlichen Einzelstück. ◂

Typ	Erdkampfflugzeug
Erstflug	10. Juni 1953
Produktion	ein Exemplar
Verbleib	abgestürzt
Besatzung	2
Antrieb	ein Potez 8D.32 mit 331 kW Leistung
Länge	9,1 m
Spannweite	13 m
Höhe	2,65 m
Rüstmasse	1675 kg
Max. Startmasse	2500 kg
Höchstgeschwindigkeit	275 km/h
Reichweite	750 km
Bewaffnung	vier 7,5 mm-MGs im Bug, acht Raketen unter der Tragfläche

PZL M-15 Belphegor

Ein Doppeldecker mit Jet-Antrieb? Und dann noch für den Einsatz in der Landwirtschaft? Dass konnte gar nicht gut gehen.

Anfang der 70er Jahre suchte die UdSSR einen leistungsfähigeren Nachfolger der betagten Antonow An-2 in der Rolle als Agrarflugzeug. Da PZL-Mielec den Doppeldecker schon in Lizenz gebaut hatte ging der Entwicklungsauftrag des Nachfolgers an das polnische Unternehmen. Allerdings bestand die sowjetische Führung für das neue Muster auf die Verwendung eines Strahlantriebs. Diese Forderung verkomplizierte die Entwicklung und sollte schließlich zum Scheitern führen. Die polnischen Ingenieure behielten allerdings die Doppeldecker-Auslegung bei, da der hohe Auftrieb beim Sprühfliegen über den Feldern als vorteilhaft galt. Zwischen den Tragflächen brachten sie große Behälter für die auszubringenden Chemikalien an, während das auch in der Aero L-39 oder der Jakowlew Jak-40 verwendete AI-25-Triebwerk auf dem Rumpf hinter dem Cockpit saß. Mit einer Höchstgeschwindigkeit von gerade einmal 200 km/h gilt die M-15 als das langsamste in Serie gebaute Jetflugzeug der Welt. Der Lärm und die ungewöhnliche Erscheinung führten nicht ganz zu Unrecht zum Spitznamen „Belphegor" – nach dem gleichnamigen Dämonen. Schon die Erprobung zeigte die Nachteile des Entwurfs auf: abgesehen von den schlechten Flugeigenschaften erwies sich die Wartung als aufwendig, suboptimal für den Betrieb auf Feldflugplätzen. Auch in den Bereichen Reichweite und Wirtschaftlichkeit konnte der Jet nicht mit der An-2 mithalten, so dass die Produktion schon nach 175 Exemplaren endete, weit weg von den ursprünglich geplanten 3000 Maschinen. ◂

Typ	Landwirtschaftsflugzeug
Erstflug	20. Mai 1973
Produktion	175 Exemplare
Verbleib	außer Dienst, mehrere Maschinen ausgestellt (Monino, Krakau, etc.)
Besatzung	1
Antrieb	ein Progress AI-25 mit 14,7 kN Schub
Länge	12,72 m
Spannweite	22,33 m
Höhe	5,34 m
Leermasse	3090 kg
Max. Startmasse	5650 kg
Höchstgeschwindigkeit	200 km/h
Reichweite	400 km

Republic XF-84H

USA

Das wohl lauteste Flugzeug der Welt – selbst bei Bodenläufen war es noch in 40 Kilometer Entfernung zu hören – zeigte deutlich, dass sich ein Turboprop für schnelle Jäger nicht eignete.

Sonst oft Konkurrenten taten sich US Air Force und US Navy Mitte der 50er Jahre zusammen, um den vielversprechenden Turboprop-Antrieb an einem Jäger zu testen. Als Grundlage für das Projekt entschieden sie sich für den Jagdbomber Republic F-84 Thunderstreak. Der Hersteller modifizierte zwei Maschinen unter der Bezeichnung XF-84H mit dem riesigen Allison XT40 und einer für Überschallgeschwindigkeiten ausgelegten Dreiblatt-Luftschraube im Bug. Um das Drehmoment des Propellers auszugleichen kam eine dreieckige Flosse hinter dem Cockpit zum Einsatz, und das normale Leitwerk wich einer T-förmigen Ausführung, um außerhalb der Verwirbelungen des Antriebs zu liegen. Das Antriebssystem hatte aber auch andere Auswirkungen, wie sich nach dem Erstflug am 22. Juli 1955 in Edwards zeigen sollte. Der Lärm erwies sich nicht nur als ohrenbetäubend – was dem Muster den Spitznamen „Thunderscreech" (kreischen) einbrachte, sondern die Vibrationen konnten bei der Bodenmannschaft körperliche Schäden hervorrufen. Selbst im Leerlauf erreichten die Propellerspitzen Überschallgeschwindigkeit, und der Motor musste jedes Mal eine halbe Stunde warmlaufen! Die Bilanz der Versuche stellte einen neuen Negativrekord auf: Zwischen Juli 1955 und Oktober 1956 kam es nur zu zwölf Flügen, von denen sage und schreibe nur ein einziger ohne Notlandung endete! Da ist es fast verwunderlich, dass beide Maschinen die Kampagne überlebten. Ein Testpilot soll sich nach seinem ersten Flug geweigert haben, ein weiteres Mal ins Cockpit der XF-84H zu steigen. Das T40-Triebwerk kam auch in verschiedenen anderen Flugzeugen zum Einsatz, erwies sich aber bei allen Programmen als unausgereift, und wurde schließlich eingestellt. Die Thunderscreech ging mit 837 km/h als eines der schnellsten Propellerflugzeuge in die Geschichte ein, konnte aber die angepeilten Ziele nicht erreichen. ◂

Typ	Versuchsflugzeug
Erstflug	22. Juli 1955
Produktion	zwei Exemplare
Verbleib	National Museum of the United States Air Force, Dayton (erste Maschine; zweites Flugzeug verschrottet)
Besatzung	1
Antrieb	ein Allison XT40 A-1 mit 4360 kW Leistung
Länge	15,67 m
Spannweite	10,18 m
Höhe	4,67 m
Leermasse	8132 kg
Startmasse	12 293 kg
Höchstgeschwindigkeit	837 km/h

Republic XF-91 Thunderceptor

USA

Kuriose Flügelform, verstellbare Tragflächen, Nachbrennersystem, zusätzlicher Raketenantrieb: Die Liste der Innovationen des in den 40er Jahren entworfenen Flugzeugs ist lang. Doch nicht alle Neuerungen versprachen letztendlich Erfolg.

Das Wissen über das Fliegen im Überschallbereich war in den 40er Jahren noch sehr überschaubar. Um dies zu ändern gaben die US Army Air Forces bei Republic 1946 den Bau von zwei Versuchsflugzeugen mit der Bezeichnung XP-91 in Auftrag. Um das befürchtete Abreißen der Strömung an den Flügelenden bei hohen Anstellwinkeln und niedrigen Geschwindigkeiten zu vermeiden erdachte das Konstruktionsteam eine ganz besondere Form der Tragflächen: Anstatt sich wie üblich nach außen hin zu verjüngen verhielt es sich beim Flügel der späteren XF-91 genau anders herum. Profildicke und Flügeltiefe waren an den fast vier Meter breiten Enden dicker als an der Wurzel. Das bedeutete aber auch, dass das Fahrwerk nach außen in die Flügelenden einfuhr. Daher kamen wie bei einem Tandem hintereinander angeordnete Räder zum Einsatz. Als weitere Neuerung ließ sich der Anstellwinkel der ungewöhnlichen Flügel aus dem Cockpit heraus im Bereich von plus sechs bis minus zwei Grad hydraulisch verstellen. Um den unbefriedigenden Schub des J47-Turbojets zu erhöhen entwickelten die Ingenieure eigens einen Nachbrenner. Aber auch mit diesem System ließen sich keine Überschallgeschwindigkeiten erzielen, so dass im Heck zusätzlich vier Raketenantriebe ihren Dienst verrichten sollten.

Trotz der vielen Innovationen verlief die Flugerprobung nach dem Jungfernflug in Edwards am 9. Mai 1949 relativ erfolgreich – bis auf eine Notlandung des zweiten Prototyps 1951, der später ein V-Leitwerk erhielt. Nur die nicht verfügbaren Raketenmotoren sorgten für Verzögerungen, bis am 9. Dezember 1952 endlich die Mach-1-Marke geknackt wurde. Dieser Erfolg konnte die vorgesehene Serienversion jedoch auch nicht mehr retten, da sich die Strategie der US Air Force mittlerweile geändert hatte. Der kurzeitige Einsatz von Raketentriebwerken zur Verteidigung von Punktzielen erschien nicht mehr zeitgemäß. Außerdem erlaubten Fortschritte in der Aerodynamik optimalere Flügelformen. Das Thunderceptor-Programm endete 1954. ◄

Typ	Jagdflugzeug
Erstflug	9. Mai 1949
Produktion	zwei Exemplare
Verbleib	National Museum of the United States Air Force, Dayton (erste Maschine; zweites Exemplar verschrottet)
Besatzung	1
Antrieb	ein General Electric J47-GE-7 (22,22 kN Schub ohne Nachbrenner, 35,24 kN mit) plus vier Raketenmotoren Reaction Motors XLR-11-RM9 (je 6,67 kN)
Länge	13,21 m
Spannweite	9,52 m
Höhe	5,51 m
Leermasse	7181 kg
Startmasse	8426 kg
Höchstgeschwindigkeit	Mach 1.2
Reichweite	1885 km
Bewaffnung	vier 20 mm-Kanonen sowie ungelenkte Raketen oder AIM-4-Flugkörper (geplant)

Rockwell XFV-12A

USA

Ein Flugzeug, das nicht fliegt, ist nichts wert. In diesem Fall gab die US Navy aber 80 Millionen Dollar für einen Senkrechtstarter aus, der noch nicht einmal aus eigener Kraft abheben konnte.

Zu Beginn der 70er Jahre schien der große Hype um senkrechtstartende Flugzeuge etwas abgeebbt zu sein. Trotzdem ließ sich die US Navy vom Konzept eines überschallschnellen V/STOL-Jägers (Vertical/Short Take-off and Landing) überzeugen, der auf einer neuen Klasse von kleineren Flugzeugträgern eingesetzt werden sollte. Im Oktober 1972 erhielt Rockwell den Auftrag zum Bau von zwei entsprechenden Versuchsflugzeugen, die sich das Konzept einer „schubverstärkten" Tragfläche zu eigen machten. Hier lenkte ein spezielles Leitungssystem die Triebwerksabgase in schwenkbare Elemente – den so genannten „Augmentors" – des Flügels und der großen Canards. Der so geschaffene Unterdruck erzeugte in der Theorie einen Sog, der den Luftfluss über die Auftriebsflächen erhöhte und so den Schub steigerte. Das Öffnen oder Schließen der einzelnen Augmentor-Klappen ermöglichte die Steuerung im Schwebeflug. Wie gesagt in der Theorie. In der Praxis sollte das Ganze fatalerweise anders aussehen.

Um die Kosten so niedrig wie möglich zu halten kamen Komponenten bestehender Muster zum Einsatz wie der vordere Rumpf und das Fahrwerk der A-4 Skyhawk und die Lufteinläufe sowie der Flügelkasten der F-4 Phantom. Als Antrieb diente das sich in der Ent-

wicklung für die Grumman F-14 Tomcat befindliche F401 von Pratt & Whitney, im Wesentlichen ein F100 mit größerem Bläser. Die Fertigstellung der zweiten Maschine sowie die Erprobung im konventionellen Flug fielen aber dem Rotstift der Marine zum Opfer, die sich aufgrund von Budgetüberschreitungen und Programmverspätungen nur noch auf die Erprobung im Senkrechtflug fokussierte. Schon vor dem Roll-out am 26. August 1977 in Columbus, Ohio, hatten erste Versuche darauf hingewiesen, dass sich das prognostizierte Schubniveau in der aktuellen Konfiguration nicht erreichen ließ. Trotzdem begannen Anfang 1978 die Fesselflugtests am 73 Meter hohen Gerüst der NASA in Langley. Aber die XFV-12A hob sich nur mit Hilfe eines Krans in die Luft. Für ein eigenständiges Aufsteigen reichte der Schub einfach nicht aus. Das Augmentor-System an sich funktionierte zwar, aber die Verluste in den Leitungen erwiesen sich als zu hoch. Daraufhin gab die US Navy das Projekt auf. Das gleiche Schicksal ereilte übrigens auch das F401-Triebwerk.

Typ	Senkrechtstarter
Erstflug	-
Produktion	ein Exemplar
Verbleib	Cockpitsektion bei der NASA in Ohio eingelagert
Besatzung	1
Antrieb	ein Pratt & Whitney F401-PW-400 mit 130 kN Schub
Länge	13,39 m
Spannweite	8,69 m
Höhe	3,15 m
Leermasse	6260 kg
Max. Startmasse	11 000 kg
Höchstgeschwindigkeit	Mach 2.2 (geplant)
Bewaffnung	M61-Kanone, AIM-7- und AIM-9-Flugkörper (geplant)

Ryan X-13 Vertijet

Mit einem britischen Triebwerk an Bord bewies die X-13, dass auch mit einem Jet ein kontrollierter Senkrechtflug möglich ist. Das Programm endete jedoch wegen akutem Geldmangel der US Air Force.

Schon im Jahr 1947 dachte die US Navy an strahlgetriebene Senkrechtstarter und beauftragte die Ryan Aeronautical Company mit Untersuchungen, wie sich ein solches Gefährt steuern ließe. Daraufhin tüftelten die Ingenieure ein Gestell mit einem J33-Triebwerk von Allison aus, mit dem sie erste Schwebeversuche durchführten. Nach ersten Erfolgen beschloss die Firma, die Vorrichtung mit einem Piloten zu versehen und etwas flugzugähnlicher zu gestalten. So improvisierten die Konstrukteure einen Deltaflügel und ein Cockpit, das aus dem Flügeltank einer Boeing B-47 entstand. Am 24. November 1953 führte Testpilot Pete Girard mit diesem Ungetüm den ersten bemannten Jet-Schwebeflug der Welt durch. Zu diesem Zeitpunkt waren die Forschungsmittel der Marine jedoch erschöpft. Aber glücklicherweise sprang die US Air Force ein und finanzierte den Bau von zwei X-13-Forschungsflugzeugen, die beweisen sollten, dass ein VTOL-Betrieb auch mit Jets möglich ist. Allerdings mussten sich die Ingenieure einen geeigneten Antrieb aus Großbritannien besorgen. Bei der X-13 handelte es sich um ein kleines und leichtes Flugzeug mit einem Deltaflügel und einer großen, dreieckigen Seitenflosse sowie Flügelendscheiben an der Tragfläche. Da die Maschine wie seine Turboprop-Gegenstücke der Navy auf dem Heck starten und landen sollte ließ sich der Schleudersitz um 45 Grad nach vorne und hinten neigen, um die Sitzposition dem jeweiligen Flugzustand anzupassen. Für den Übergang in den Senkrechtflug bewegte sich die Schubdüse mit Hilfe von einem Kreuzgelenkring in verschiedene Richtungen, um

ähnlich wie bei der aktuellen Schubvektorsteuerung den Abgasstrahl in die gewünschte Position zu lenken. Zur Stabilisierung im Schwebeflug diente Zapfluft aus dem Triebwerk, die über Rohrleitungen in kleine Düsen in den Flügelspitzen strömte. Für ihren Jungfernflug am 10. Dezember 1955 erhielt die X-13 kurzzeitig an Dreibein-Fahrwerk. Für die anschließenden VTOL-Versuche kam stattdessen vorne ein Haken und in der Mitte ein Stützgestänge für den separaten Startwagen zum Einsatz. Hier saß die Maschine auf einer aufrichtbaren Rampe mit einem Stahlkabel an der Spitze, in dass sich der Jet bei der Landung einhackte. Dabei erhielt der Pilot von einem Mit-

Typ	Senkrechtstart-Versuchsflugzeug
Erstflug	10. Dezember 1955
Produktion	zwei Exemplare
Verbleib	National Museum of the United States Air Force, Dayton, und San Diego Aerospace Museum
Besatzung	1
Antrieb	ein Rolls-Royce Avon mit 44,44 kN Schub
Länge	7,30 m
Spannweite	6,40 m
Höhe	4,65 m
Leermasse	2416 kg
Max. Startmasse	3313 kg
Höchstgeschwindigkeit	770 km/h
Reichweite	310 km

glied der Boden-Crew in einem Ausguck Anweisungen per Funk, ein Luxus, den die Navy-Turboprops bei ihrer Erprobung nicht hatten. Nach dem Ankoppeln ließ sich die Rampe absenken und mit einem Laster abtransportieren. Am 28. Mai 1956 erfolgte der erste Schwebeflug mit dem Vertijet, wie der kleine Flitzer nun genannt wurde. Im Gegensatz zu den fliegenden Pogo-Sticks von Convair und Lockheed ließ sich die X-13 nach einiger Eingewöhnung fast so präzise steuern wie ein Hubschrauber, sagte damals der Testpilot Peter Girad. Ihm gelang dann am 11. April 1957 der erste komplette VTOL-Zyklus. Trotz dieses Erfolgs fand schon am 30. September 1957 der letzte Flug statt, denn jetzt war auch der Air Force das Geld ausgegangen. Wenigstens fanden beide Jets ihren verdienten Platz im Museum. ◄

USA

Ryan XV-5 Vertifan

Wie gefährlich die Erprobung neuer Konzepte sein kann zeigten die Senkrechtstarter-Programme der US Army.

Ende der 50er Jahre hatte die US Army im Rahmen der Entwicklung von künftigen Senkrechtstartern zwei entsprechende Programme in Auftrag gegeben: Während Lockheed sich bei der XV-4 auf die Schubverstärkung mit Hilfe eines speziellen Düsensystems setzte konzentrierte sich der XV-5-Entwurf von Ryan und General Electric auf das Liftfan-Konzept des Triebwerksherstellers. Hier lenkte eine mit Ventil versehene Leitung den Abgasstrom in einen im Flügel eingelassenen Hubbläser. Ein an dessen Rand angebrachter Turbinenschaufelkranz brachte ihn ins Rotieren und sorgte so für Auftrieb. Das Projekt schien etwas glatter zu verlaufen als bei der Konkurrenz. Nur knapp zwei Monate nach dem konventionellen Erstflug erfolgten bereits am 16. Juli 1964 die ersten Schwebeversuche; die erste Transition gelang am 6. November 1964. Bei einer Flugvorführung am 27. April 1965 vor zahlreichen geladenen Gästen stürzte jedoch die

erste XV-5A während des Übergangs in den Senkrechtflug aus ungeklärten Gründen ab; der Testpilot kam dabei ums Leben, weil sich sein Fallschirm nicht öffnete. Dasselbe tragische Schicksal sollte am 5. Oktober 1966 auch den Piloten der zweiten Maschine treffen. Damit hatte auch die US Air Force, die das Programm inzwischen von der Army übernommen hatte, genug. Trotzdem erhielt Ryan den Auftrag zur Reparatur des verunglückten zweiten Prototyps, der als XV-5B noch bis Januar 1971 zu Testzwecken bei der NASA flog. ◂

Typ	**Senkrechtstart-Forschungsflugzeug**
Erstflug	26. Mai 1964
Produktion	zwei Exemplare
Verbleib	erste Maschine abgestürzt, zweite im US Army Aviation Museum, Fort Rucker
Besatzung	2
Antrieb	zwei General Electric X353-5 mit je 11,47 kN Leistung im Horizontalflug und 33,02 kN im Schwebeflug
Länge	13,56 m
Spannweite	9,09 m
Höhe	4,5 m
Leermasse	3200 kg
Max. Startmasse	5663 kg
Höchstgeschwindigkeit	845 km/h

Saunders-Roe Princess

Höhepunkt und Ende einer Ära: Obwohl sie zu ihrer Zeit das größte Metall-Flugboot der Welt war, fand die zehnmotorige Prinzessin keinen Prinzen, oder profaner ausgedrückt, investitionsfreudigen Käufer.

Selbst heute noch sind die Maße der Saro SR.45 Princess beeindruckend. Umso mehr dürften die Zuschauer Anfang der 50er Jahre in Ehrfurcht erstarrt sein, wo immer der Riese mit seiner Spannweite von 67 Metern – so breit wie eine Boeing 747-8 – auftauchte. Trotz einer Startmasse von 150 Tonnen galt das Monster-Flugboot damals als eines der schnellsten Flugzeuge mit Propellerturbinen. Die Doppelrumpfbauweise sollte auf zwei Decks verteilt Platz für bis zu 220 Passagiere bieten und den Langstrecken-Flugverkehr auf ein neues Niveau heben. Nach dem Ende des Zweiten Weltkriegs wuchs der Bedarf an Transatlantik-Verbindungen rasant, und die britische Airline BOAC (British Overseas Airways Corporation) erwog den Einsatz des Musters auf ihrer Route von London nach New York.

Früher punktete Flugboote durch ihre Flexibilität, benötigten sie doch keine ausgedehnten Landebahnen. Aber mit dem Krieg ging auch der Ausbau von Flugplätzen weltweit einher, die immer größer und zahlreicher wurden. Trotzdem hielt das Team um Entwicklungschef Henry Knowler an ihrem Konzept fest. Als das britische Ministerium für Zivilluftfahrt im Mai 1946 die Mittel für den Bau von drei Maschinen freigab, fehlte dem Entwurf noch eine Kleinigkeit: ein passender Antrieb. Mehrere Modelle standen zur Auswahl, waren aber entweder gar nicht oder nicht rechtzeitig verfügbar. Schließlich fiel die Wahl auf das Bristol Proteus 2 in einem komplexen Arrangement, dass die Arbeiten nicht einfacher machte. Die vier jeweils inneren Motoren waren in Paaren zusammengefasst und trieben jeweils zwei gegenläufige Luftschrauben an. Sechs Monate nach dem

Aller Widrigkeiten zum Trotz konnte Testpilot Geoffrey Tyson schließlich am 22. August 1952 im Solent-Seitenarm des Ärmelkanals zum Jungfernflug starten. Der damalige Vorsitzende der BOAC, Miles Thomas, ließ es sich nicht nehmen, in einer de Havilland Dove neben der Princess zu fliegen, und zeigte sich stark beeindruckt: „Sie sah sehr schön aus in der Luft – perfekt stabil und sehr in ihrem Element". Seine Gesellschaft sei an dem Flugboot „enorm interessiert". Schon bald war von dieser Begeisterung nichts mehr zu spüren, die Staatsflugline verlegte sich komplett auf Landflugzeuge. Die Fertigstellung der zwei weiteren Maschinen war schon vorher auf Eis gelegt

Die Besatzung beim Erstflug bestand aus zwölf Personen.

worden, ursprünglich, um auf die stärkeren Proteus 3 zu warten. Verzweifelt suchte Saro nach Kunden, aber nicht zuletzt die horrenden Betriebskosten - zehn Motoren plus ein gigantischer Rumpf, der gegen Salzwasser-Korrosion geschützt werden will reichten schon aus, um mögliche Interessenten in die Flucht zu schlagen. So kam es, wie es kommen musste: Die Regierung ordnete 1954 die Einstellung des Projektes an. Trotzdem blieb ein kleiner Hoffnungsschimmer: Immer wieder tauchten Interessen für die drei eingemotteten Prinzessinnen auf, aber im Endeffekt wollte sie dann doch keiner wachküssen. Im Jahr 1967 wurden sie endgültig verschrottet. ◂

geplanten Auslieferungstermin an die BOAC kamen erst die fertigen Triebwerke in der Saro-Fabrik in Cowes auf der Isle of Wight an. Zu diesem Zeitpunkt hatte die Airline allerdings schon ihr Augenmerk auf Jet-Verbindungen mit der de Havilland Comet gelegt. Die Princess hatte zulange im Dornröschenschlaf gelegen und wurde von der aktuellen Entwicklung überholt. Eine hohe Geschwindigkeit entwickelten dafür die Kosten, die schon bald ein Vielfaches der ursprünglich veranschlagten Summen betrugen, zum Schluss die damals ungehörige Zahl von 10,8 Millionen Pfund, was heute einer Kaufkraft von umgerechnet rund 442 Millionen Euro entspricht.

Typ	**Verkehrsflugboot**
Erstflug	22. August 1952
Produktion	drei Exemplare
Verbleib	verschrottet
Besatzung	6 plus 105 Passagiere in zwei Klassen
Antrieb	zehn Bristol Proteus 2 mit je 1838 kW Leistung
Länge	45,3 m
Spannweite	67 m
Höhe	17 m
Leermasse	78 000 kg
Max. Startmasse	156 800 kg
Höchstgeschwindigkeit	576 km/h
Reichweite	9730 km
Nutzlast	22 700 kg

Saunders-Roe SR.53

Dank ihres Raketenantriebs konnte die SR.53 ohne Probleme Überschallgeschwindigkeit erreichen. Für die sichere Rückkehr sorgte ein kleiner Turbojet. Mehr als sieben Minuten Flugzeit waren aber zu wenig.

Nach Ende des Zweiten Weltkriegs untersuchten die Briten die deutschen Projekte mit Raketenantrieb und starteten Anfang der 50er Jahre eigene Bestrebungen zur Entwicklung eines raketengetriebenen Jagdflugzeugs zur Verteidigung von Punktzielen. Um den Einsatz flexibler zu gestallten sollte die Maschine zusätzlich einen Turbojet erhalten. Im Mai 1953 erhielt Saunders-Roe (Saro) schließlich den Auftrag zum Bau von drei Prototypen der SR.53. Noch während der Entwicklung begannen bereits die Arbeiten an einer möglichen Serienversion, welche die Schwächen der SR.53 beheben sollte: die Installation eines Radargeräts und eines stärkeren Jettriebwerks. Dabei war die kleine Schwester noch nicht einmal flügge. Saro konnte das erste Exemplar zwar Ende 1954 weitestgehend fertigstellen, aber es dauerte noch fast drei lange Jahre bis die Flugerprobung beginnen konnte. Zum einem erwiesen sich die Arbeiten aufgrund der äußerst kompakten Bauweise als recht schwierig, zum anderen hatte de Havilland Schwierigkeiten mit der Lieferung des Spectre-Raketenantriebs. Aus Kostengründen strichen die Beamten dann den dritten Jet. Als die Tests im Frühjahr 1957 endlich losgehen konnte waren die ersten Ergebnisse recht positiv. Allerdings verunglückte die zweite Maschine am 15. Juni 1958 beim Start, Testpilot John Booth kam ums Leben. Die genaue Ursache ließ sich nie ermitteln, und der tragische Zwischenfall beendete die Karriere der SR.53 mit sofortiger Wirkung. Davon unbeeindruckt ging die Konstruktion der SR.177 als größere Serienausführung unbeeindruckt weiter, und sogar die Bestellung von 200 Exemplaren für die Bundeswehr stand im Raum. Aber auch hier machte das berüchtigte britische Weißbuch zur Verteidigung von 1957 alle Pläne zunichte. ◄

Typ	Jäger mit Mischantrieb
Erstflug	16. Mai 1957
Produktion	zwei Exemplare
Verbleib	erste Maschine im RAF-Museum Cosford, zweite verunglückt
Besatzung	1
Antrieb	ein de Havilland Spectre mit 36 kN Schub und ein Armstrong Siddeley ASV.8 Viper Turbojet mit 7,3 kN
Länge	13,72 m
Spannweite	7,66 m
Höhe	3,3 m
Leermasse	3357 kg
Startmasse	8346 kg
Höchstgeschwindigkeit	Mach 2.2
Einsatzdauer	sieben Minuten bei voller Leistung beider Antriebe
Bewaffnung	zwei de Havilland Firestreak Flugkörper an den Flügelspitzen

Saunders-Roe SR.A/1

Das Konzept eines strahlgetriebenen Jagd-Flugboots blieb aufgrund der fortschreitenden technischen Entwicklung nur kurz attraktiv.

Die Vorteile von Flugbooten lagen auf der Hand: Sie waren flexibel einsetzbar und benötigen keine lange Startbahn, die im Krieg zerstört werden könnte. Mit dem Aufkommen des Strahlantriebs bekam das Konzept sogar noch mehr Auftrieb, zumindest bei einigen Mitarbeitern von Saunders-Roe. Sie stellten sich noch während des Zweiten Weltkriegs einen Jetjäger als Wasserflugzeug vor, der im Pazifik gegen Japan kämpfen konnte. Der Wegfall des Propellers eliminierte die Notwendigkeit für einen entsprechend hohen Bootsrumpf und bot ganz neue Entwicklungsmöglichkeiten. Die Idee fand auch in der britischen Führung Anklang, die schließlich im Mai 1944 den Bau von drei Prototypen in Auftrag gab. Ergebnis war ein recht großes Flugzeug, das zwar schwerer als seine landgestützten Kameraden schien, aber immer noch gute Leistungen versprach. Als Antrieb dienten zwei Turbojets Metropolitan-Vickers F.2/4 Beryl, deren Luftversorgung über einen geteilten Einlauf im Bug erfolgte. Jedes Triebwerk verfügte über eine eigene Schubdüse jeweils am hinteren Übergang von Tragfläche und Rumpf. Die geraden Flügel besaßen jeweils einen ausfahrbaren Stabilisierungsschwimmer. Im Cockpit kam erstmals ein Schleudersitz von Martin-Baker zum Einsatz. Nach erfolgreichen Wassertests hob Geoffrey Tyson schließlich am 16. Juli 1947 mit der ersten SR.A/1 ab. Der Testpilot bestätigte dem Muster allgemein gute Flugeigenschaften und führte den Jet eindrucksvoll in Farnborough vor. Aber im Jahr 1949 sollten gleich zwei Maschinen verloren gehen: Der dritte Prototyp stieß beim Start mit einem Hindernis zusammen und sank, während der zweite Jet beim Training für eine Flugschau abstürzte. Die Verluste sorgten für eine ordentliche Verspätung des Programms, das mit einem weiteren Problem fertig werden musste: Metropolitan-Vickers hatte seine Triebwerkssparte an Armstrong Siddeley abgegeben, und der der neue Eigentümer stellte das Beryl aufgrund der geringen Stückzahlen ein. Die allgemeine Entwicklung hatte das Flugboot-Konzept längst überholt, und die SR.A/1 flog im Juni 1951 zum letzten Mal. ◄

Typ	Jagdflugboot
Erstflug	16. Juli 1947
Produktion	drei Exemplare
Verbleib	erster Prototyp im Solent-Sky-Museum (Southampton), die beiden anderen gingen bei Unfällen verloren
Besatzung	1
Antrieb	zwei Metropolitan-Vickers Beryl mit je 17,1 kN Schub
Länge	15,24 m
Spannweite	14,02 m
Höhe	5,11 m
Leermasse	5108 kg
Max. Startmasse	8633 kg
Höchstgeschwindigkeit	824 km/h
Max. Flugdauer	1 h 48 min
Bewaffnung	vier 20 mm-Kanonen in der Tragfläche, verschiedene Außenlasten (geplant)

Short Mayo-Kombination

Neue Reichweitenrekorde sollte ein ungewöhnliches Gespann aus einem Flugboot und einem Wasserflugzeug erzielen.

Um die Reichweite für wichtige Postflüge zu verlängern und die Reisezeiten zu verkürzen kam der technische Direktor von Imperial Airways auf eine ungewöhnliche Idee: Robert Hobart Mayo schlug ein großes Flugboot vor, das eine kleinere aber schwer beladene Variante huckepack in die Luft bringen sollte. Dabei hatte er die neue Empire-Klasse von Short als Mutterschiff im Blick. Der Flugzeugbauer aus Belfast reagierte schnell, und nur ein Jahr nach dem Jungfernflug des Empire-Prototyps flog die modifizierte auf den Namen „Maia" getaufte Maschine am 27. Juli 1937. Dagegen war die „Nutzlast" eine Neuentwicklung: die S.20 „Mercury" erhielt vier Motoren und zwei große Schwimmer. Sie flog erstmals am 27. Juli 1937. Im Einsatz hievte sie ein Kran über das S.21-Flugboot, wo sie auf einem speziellen Gestell ruhte. Am 20. Januar 1938 hob das Gespann zum ersten gemeinsamen Flug ab, und am 6. Februar 1938 kam es zur ersten Separation. Der erste kommerzielle Einsatz für Imperial Airways führte am 21. Juli 1938 non-stop von Irland nach Kanada und stellte damit die Funktion des Prinzips unter Beweis. Trotzdem blieb das Duo ein Einzelstück, da sich mittlerweile größere Flugboote ankündigten, das Konzept der Luftbetankung langsam Form annahm und natürlich der Beginn des Zweiten Weltkriegs alle Planungen über den Haufen warf. ◄

Typ	Postflugzeug-Gespann
Erstflug	20. Januar 1938 (als Gespann)
Produktion	ein Exemplar
Verbleib	S 21 bei Bombenangriff zerstört, S.20 verschrottet
S.20 (Daten für S.21 in Klammern)	
Besatzung	2 plus 450 kg Nutzlast (3 plus 18 Passagiere)
Antrieb	vier Napier Rapier VI mit je 272 kW Leistung (vier Bristol Pegasus XC mit 685 kW)
Länge	15,54 m (25,88 m)
Spannweite	22,25 m (34,75 m)
Höhe	6,17 m (9,94 m)
Leermasse	4610 kg (11 224 kg)
Max. Startmasse	7031 kg solo, 9430 kg im Gespann (17 237 kg solo, 12 565 kg im Gespann)
Höchstgeschwindigkeit	341 km/h (320 km/h)
Reichweite	6300 km (1370 km)

Short SB.5

Eigentlich als Testflugzeug für die English Electric Lightning konzipiert diente die SB.5 rund 15 Jahre als Forschungsjet.

Um die Langsamflugeigenschaften des geplanten P.1-Abfangjägers von English Electric im Vorfeld zu erproben schrieb das britische Luftfahrtministerium die Entwicklung eines speziellen Forschungsflugzeugs aus. Der Auftrag ging im August 1950 an Short Brothers and Harland Ltd. Dort entwarfen die Ingenieure eine Maschine, die dem Jäger recht ähnlich war; der Clou: die Pfeilung der Tragfläche ließ sich am Boden in drei Positionen verstellen. Der Jungfernflug am 2. Dezember 1952 erfolgte noch mit der moderaten 50-Grad-Stellung, aber auch die 60 Grad der P.1 – aus der später die Lightning wurde – stellten kein Problem für die SB.5 dar. Doch damit nicht genug, am 18. Oktober 1960 flog der Jet mit einer Pfeilung von 69 Grad, zu diesem Zeitpunkt ein neuer Rekordwert. Dazu erhielt das Flugzeug einen Schleudersitz und ein stärkeres Orpheus-Triebwerk. Zuletzt diente die SB.5 zur Ausbildung von Testpiloten. In dieser Rolle flog sie bis 1967 bei der Empire Test Pilot School in Boscombe Down. ◀

Typ	Versuchsflugzeug
Erstflug	2. Dezember 1952
Produktion	ein Exemplar
Verbleib	RAF-Museum Cosford
Besatzung	1
Antrieb	ein Rolls-Royce Derwent Mk.8 mit 16 kN Schub
Länge	13,94 m
Spannweite	10,9 m
Höhe	5,05 m
Leermasse	4173 kg
Startmasse	5443 kg
Höchstgeschwindigkeit	500 km/h

Short SC.1

Die SC.1 ging als erster britischer Senkrechtstarter in die Geschichte ein und legte den Grundstein für spätere Muster wie den legendären Harrier.

Anfang der 60er Jahre galt die SC.1 als das ausgereifteste Senkrechtstart-Flugzeug seiner Zeit, auch wenn es als reiner Forschungsjet geplant war. Für den VTOL-Betrieb kamen vier RB.108-Hubtriebwerke von Rolls-Royce zum Einsatz, die sich dank ihrer Lagerung in Drehzapfen um 30 Grad nach vorne und hinten schwenken ließen. Ein fünftes Aggregat sorgte für den Vortrieb im waagerechten Flug. Bereits 1953 hatten die britischen Beamten eine Spezifikation für ein Fluggerät ausgeschrieben, das die mit dem fliegenden Bettgestell von Rolls-Royce gemachten Erfahrungen weiterführen sollte. Short gewann schließlich den Auftrag zum Bau von zwei Prototypen, die über einen Deltaflügel und eine frühe Form der digitalen

Flugsteuerung verfügten. Sie entstanden in Belfast und wurden auf dem Seeweg nach England gebracht, um in Boscombe Down die Erprobung aufzunehmen. Die erste Maschine startete am 2. April 1957 zu ihrem – noch konventionellen – Jungfernflug. Bis zum ersten freien Schwebeflug sollte es allerdings noch bis zum 25. Oktober 1968 dauern. Besonders der Leistungsverlust durch das Einsaugen der eigenen Triebwerksabgase in Bodennähe machte den Technikern zu schaffen. Schließlich bauten sie eine rund 1,8 Meter hohe Plattform, von der aus die SC.1 startete und landete. Die Erprobung musste später einen schweren Rückschlag hinnehmen, als die zweite SC.1 aufgrund eines Fehlers im Steuersystem am 2. Oktober 1963 in Belfast abstürzte. Der Testpilot kam bei dem Unglück ums Leben. Trotzdem baute man das Wrack wieder auf und führte die Versuche fort. Die letzten Versuche endeten erst im Jahr 1971. ◄

Typ	Versuchs-Senkrechtstarter
Erstflug	2. April 1957
Produktion	zwei Exemplare
Verbleib	Science Museum in London und Ulster Folk and Transport Museum, Nordirland
Besatzung	1
Antrieb	fünf Rolls-Royce RB.108 mit je 9,5 kN Leistung
Länge	7,77 m
Spannweite	7,16 m
Höhe	3,25 m
Leermasse	2839 kg
Max. Startmasse	3651 kg
Höchstgeschwindigkeit	396 km/h
Reichweite	240 km

Short Seamew

Trotz guter Leistungen fiel das ungewöhnliche Flugzeug dem Sparkurs übereifriger Politiker zum Opfer.

Als Ergänzung zur Fairey Gannet suchte die Royal Navy im Jahr 1951 nach einem etwas leichteren Muster für den Einsatz auf den kleineren Flugzeugträgern. Short warf die mit dem Mamba-Turboprop ausgestattete, zweisitzige SB.6 ins Rennen. Sie war zwar keine Schönheit, versprach aber gute Leistungen, so dass die Admiralität drei Prototypen der nun Seamew (Seemöwe) genannten Maschine bestellte. Der Erstflug am 23. August 1953 endete jedoch mit einem Landeunfall, so dass hektische Reparaturen nötig waren, um den geplanten Auftritt in Farnborough zu schaffen. Nach anfänglichen Problemen mit der Flugsteuerung machte das Programm Fortschritte, so dass die Einsatzerprobung einschließlich Tests auf dem Flugzeugträger HMS Bulwark erfolgen konnten. Short bekam den Auftrag zum Bau von 41 Serienexemplaren. Im Mai 1956 kam eine Seamew im Rahmen einer Verkaufstournee durch Europa auch nach Deutschland, aber die Marine blieb bei der Gannet. Fatalerweise kam es aufgrund des britischen Verteidigungs-Weißbuchs von 1957 zu dramatischen Kürzungen in der Luftfahrt, die auch vor der SB.6 nicht halt machten. Die Royal Navy gab das Programm auf, ließ aber auch noch einige halbfertige Exemplare zu Ende montieren, nur um sie sofort einzulagern und später verschrotten zu lassen. ◀

Bei der Flugsteuerung des Prototyps musste Short nachbessern.

Typ	Trägerflugzeug zur U-Boot-Bekämpfung
Erstflug	23. August 1953
Produktion	26 Exemplare
Verbleib	eine Maschine abgestürzt, Rest verschrottet
Besatzung	2
Antrieb	ein Armstrong Siddeley Mamba ASMa.6 mit 1186 kW Leistung
Länge	12,5 m
Spannweite	16,76 m
Höhe	4,08 m
Leermasse	4443 kg
Startmasse	6532 kg
Höchstgeschwindigkeit	378 km/h
Reichweite	1200 km
Bewaffnung	836 kg Außenlasten

Short Sperrin

Selbst als Rückfallposition erwies sich der frühe Jetbomber als ungeeignet, leistete aber gute Dienste als Versuchsflugzeug.

Ende der 40er Jahre begann in Großbritannien die Entwicklung moderner Jetbomber, die teilweise ungewöhnliche Auslegungen aufwiesen, und später zu den drei berühmten V-Bombern werden sollten. Um auf der sicheren Seite zu sein gab das britische Luftfahrtministerium als Rückfallposition bei Short die SA.4 in Auftrag. Der Bomber kombinierte den neuen Jetantrieb mit herkömmlichen aerodynamischen Standards wie einer ungepfeilten Tragfläche. Die Turbojets fanden paarweise übereinander in Gondeln an den Flügeln Platz. Noch während des Baus der zwei Prototypen erkannten die Verantwortlichen, dass die SA.4 auch als Back-up die nötigen Leistungen nicht erreichen konnte. Gleichzeitig machte die Vickers Valiant Fortschritte, so dass die Entscheidung fiel, die später Sperrin genannten Short-Jets als Testträger unter anderem für neue Triebwerke zu nutzen. Nach dem Abschluss der Versuchsreihen endeten sie beim Verwerter. ◄

Typ	mittlerer Bomber
Erstflug	10. August 1951
Produktion	zwei Exemplare
Verbleib	verschrottet
Besatzung	5
Antrieb	vier Rolls-Royce Avon RA.2 mit je 28,91 kN Schub
Länge	31,14 m
Spannweite	33,2 m
Höhe	8,69 m
Leermasse	32 659 kg
Max. Startmasse	52 163 kg
Höchstgeschwindigkeit	912 km/h
Reichweite	3201 km

USA

Sikorsky S-72 X-Wing

Vor allem Science-Fiction-Fans denken bei der Bezeichnung „X-Wing" direkt an den bekannten Raumjäger aus der Star-Wars-Filmreihe. Doch in den 80er Jahren wollten die USA ein ganz reelles Projekt mit einem X-förmigen Flügel in die Tat umsetzen.

Der Gedanke, die Vorteile von Hubschraubern und Starrflüglern in einer Maschine zu vereinen ist nicht neu, hat aber bis heute nichts von seiner Attraktivität verloren. In den 70er Jahren beauftragten die US Army und die NASA das traditionsreiche Hubschrauberunternehmen Sikorsky mit dem Bau von zwei Exemplaren eines entsprechenden Forschungshelikopters. Die Maschinen erhielten die Bezeichnung S-72. Um die Kosten in Grenzen zu halten, verwendeten die Konstrukteure die dynamischen Komponenten der bewährten S-61-Serie. Je nach Bedarf konnten zusätzlich kleine Tragflügel sowie zwei TF34-Mantelstrom-Triebwerke installiert werden. Der Erstflug der S-72 als reiner Helikopter fand am 12. Oktober 1976 statt. Der erste Start in der kompletten Verbundhubschrauber-Konfiguration mit Flügeln und Turbofans folgte am 10. April 1978. Doch damit nicht genug: Die Planer wollten die Vorteile von Helikoptern mit ihrer Senkrechtflugfähigkeit und Flugzeugen mit ihrer höheren Geschwindigkeit in einem ungewöhnlichen Prinzip kombinieren. Im Vordergrund stand das X-Wing-Konzept, bei dem ein Vierblatt-Rotor im Schwebeflug und bei niedrigeren Geschwindigkeiten für Auftrieb sorgen sollte. Ab rund 370 km/h hörten die Blätter auf zu drehen und wurden zu einer starren Tragfläche, die wie ein X geformt war und eine Pfeilung von jeweils 45 Grad nach vorne beziehungsweise nach hinten aufwies. Die zweite Maschine erhielt entsprechende Modifikationen und bekam die Bezeichnung S-72X1. Im September 1986 sollten die Flugerprobung in Edwards beginnen, aber ein Versagen des Rotorgetriebes auf einem Prüfstand sorgte für eine mehrmonatige Verspätung. Außerdem stiegen die Kosten immer weiter, so dass der X-Wing nur noch mit fixiertem Rotor fliegen sollte. Zunächst standen Flüge ohne den Rotor auf dem Programm, um die grundlegenden Flugeigenschaften zu überprüfen. Der offizielle Erstflug erfolgte am 2. Dezember 1987 und dauerte knapp 40 Minuten. Ein zweiter Flug fand am 10. Dezember 1987 statt. Laut Aussagen der Testpiloten entsprach die Beschleunigung schon fast der eines Jagdflugzeugs, das Flugverhalten erinnerte aber eher an einen Transporter in der Klasse der Lockheed C-130 Hercules. Zur Verwendung des X-Flügels kam es aber nicht mehr: Kurz nach dem Beginn der Flugerprobung ließ der US-Kongress das Programm stoppen, da man bereits fast 200 Millionen Dollar ausgegeben hatte und der Erfolg fraglich schien. Zudem war kein direkter Auftrag einer Teilstreitkraft für eine Weiterentwicklung absehbar, und so endete das Programm im Januar 1988. ◂

Typ	Forschungsfluggerät
Erstflug	12. Oktober 1976
Produktion	zwei Exemplare
Verbleib	erste Maschine eingelagert im US Army Aviation Museum, zweite S-72 unbekannt
Besatzung	2
Antrieb	zwei General Electric T58-GE-10 mit je 1119 kW Leistung und zwei General Electric TF34-GE-400A mit je 41,22 kN Schub
Länge	21,5 m
Spannweite	13,75 m
Rotordurchmesser	17,6 m
Höhe	5,46 m
Leermasse	9500 kg
Startmasse	15 093 kg
Höchstgeschwindigkeit	370 km/h

Sikorsky XH-59A

USA

Mit seinen Koaxial-Rotoren sollte der Verbundhubschrauber neue Geschwindigkeitsrekorde erzielen.

Um künftige Hubschrauber noch leistungsfähiger gestalten zu können erdachte Sikorsky in den 60er Jahren eine neue Rotor-Technologie: Das Advancing Blade Concept sollte aerodynamische Probleme bei bisherigen Rotorblättern beheben und so höhere Geschwindigkeiten als bei den bisherigen Helikoptern erzielen. Im Auftrag der US Army baute das Unternehmen schließlich Anfang der 70er Jahre die XH-59, die dank ihrer beiden übereinander angeordneten, gegenläufigen Rotoren ohne stabilisierenden Heckrotor auskam. Knapp einen Monat nach dem Erstflug verunglückte der Hubschrauber am 24. August 1973 jedoch aufgrund von Problemen mit der Steuerung. Die Zelle diente später als Testobjekt für Windkanalversuche. Trotz

des Rückschlags baute Sikorsky ein zweites Exemplar, das am 21. Juli 1975 die Erprobung wieder aufnehmen konnte und später eine Höchstgeschwindigkeit von 289 km/h erreichte. Aber die Verantwortlichen wollten noch mehr und verpassten dem Drehflügler zwei kleine Jettriebwerke in Gondeln an den Rumpfseiten. In dieser Ausführung erzielte die X-59A die Bestmarke von 445 km/h im Geradeausflug und wies gute Flugeigenschaften auf. Allerdings hatte sie mit extrem starken Vibrationen zu kämpfen, und das Interesse der Militärs war inzwischen deutlich abgekühlt, so dass das Programm 1981 endete. ◄

Typ	Verbundhubschrauber
Erstflug	26. Juli 1973
Produktion	zwei Exemplare
Verbleib	erste Maschine bei der NASA eingelagert, zweite im US Army Aviation Museum
Besatzung	2
Antrieb	ein Pratt & Whitney PT6T mit 1361 kW Leistung und zwei Pratt & Whitney J60-P-3A mit je 13 kN Schub
Länge	12,42 m
Rotordurchmesser	10,97 m
Höhe	4,01 m
Max. Startmasse	4990 kg
Höchstgeschwindigkeit	487 km/h

Frankreich

SNECMA Atar Volant

Einen „fliegenden Badeoffen" nannten zeitgenössische Beiträge die kuriosen Fluggeräte, bei den es sich im Wesentlichen um auf den Kopf gestellte Turbojets handelte.

Auch in Frankreich standen Anfang der 50er Jahre Senkrechtstarter hoch im Kurs. Im Gegensatz zu den anderen Ländern machte sich allerdings hier ein Triebwerkshersteller an die Konstruktion eines entsprechenden Flugzeugs. Als Vorstufe baute die Société Nationale d'Etude et de Construction de Moteurs d'Aviation (SNECMA) ein Atar-Triebwerk ohne tragende Flächen, dass in der Lage war, auf seinem eigenen Schubstrahl zu fliegen. So wollten die zum Teil aus Deutschland gekommenen Techniker – viele Mitarbeiter stammten von der Flugtriebwerksabteilung von BMW – wesentliche Elemente der Steuerung für einen späteren Ringflügler erproben. Diesen hatte Helmut von Zborowski, bis Kriegsende Entwicklungschef für Sondertriebwerke bei BMW, erdacht. Beim Atar Volant machte die senkrechte Stellung des Triebwerks Änderungen bei den Lagern und Schmierstoffversorgung notwendig. Das ganze Gerät stand wie ein Raumschiff aus damaligen Science-Fiction-Filmen auf vier Landebeinen mit hydraulischer Federung. Das Manövrieren erfolgte über die Beeinflussung des Abgasstrahls, während Rollsteuerdüsen an den äußeren Gestellen für eine Stabilisierung sorgten. Mitte der 50er Jahre begannen erste Versuche, bei dem das Atar C.400 P1 – allerdings noch ferngesteuert – an einer Sicherungsleine unter einem Gerüst hing. Nach mehr als 250 erfolgreichen Flügen war der Weg frei für die bemannte Version, bei der der Pilot auf einem Schleudersitz über dem Lufteinlauf saß. Das C.400 P2 absolvierte seinen ersten Freiflug am 14. Mai 1957. Später folgte noch das C.400 P3, das schon den vorderen Rumpfaufbau der geplanten C.450 erhielt. Zur Erprobung bei höheren Luftgeschwindigkeiten schnallte es die Testmannschaft kurzerhand auf einem Eisenbahnwagon und ließ es bei voller Zugfahrt laufen. Außer einigen umgewehten Signalen kam jedoch nichts Brauchbares heraus, und so verlegte man sich auf Windkanalversuche. Aber schon bald stand die nächste Generation am Start.

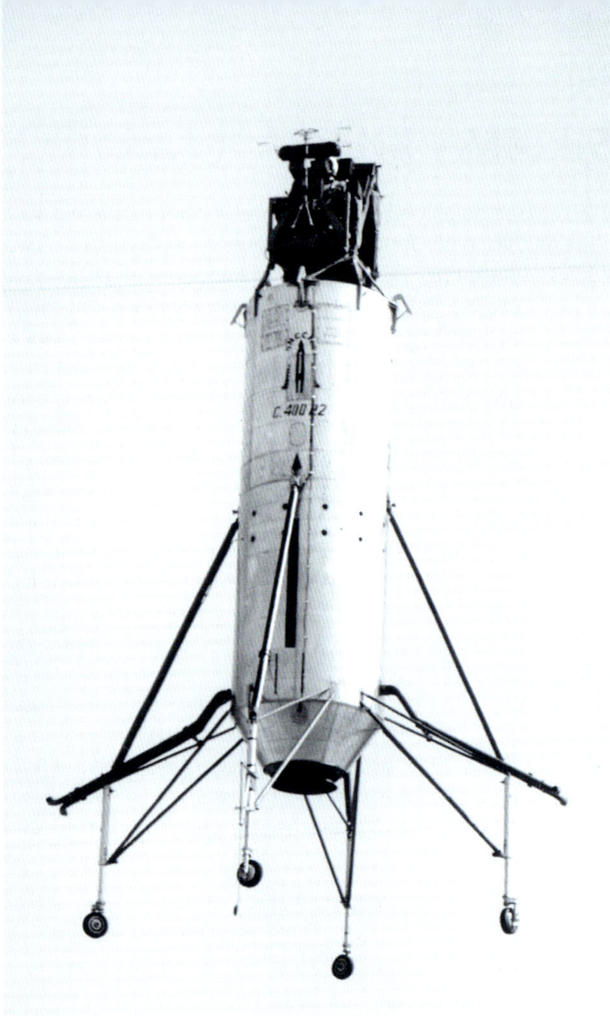

Typ	Versuchsfluggerät
Erstflug	14. Mai 1957 (bemannter Freiflug)
Produktion	drei Exemplare
Verbleib	Musée de l'Air, Le Bourget (C.400 P2)
Besatzung	1
Antrieb	ein SNECMA Atar 101 DV mit 20,04 kN Schub
Durchmesser	1,5 m
Höhe	7 m
Leermasse	2000 kg
Startmasse	2600 kg
Flugdauer	rund vier Minuten

SNECMA C.450 Coléoptère

Frankreich

Der senkrechtstartende Ringflügler war seiner Zeit weit voraus und dürfte die damaligen technischen Fähigkeiten deutlich überstiegen haben.

Die fliegenden Atar-Triebwerke waren schon spektakulär, aber sie stellten nur den ersten Schritt zum vom ehemaligen BMW-Ingenieur Helmut von Zborowski erdachten Ringflügler C.450 Coléoptère dar. Das Versuchsflugzeug wiederum war nur die Vorstufe zur Entwicklung eines Mach 2 schnellen Abfangjägers. Im Gegensatz zum Atar Volant erhielt die C.450 einen ringförmigen Flügel, dessen Durchmesser bei drei Metern lag. Damit ergab sich eine tragende Fläche von 18 Quadratmetern, die über vier profilierte Stützarme mit dem Rumpf verbunden war. An der Hinterkante befanden sich vier kreuzförmig montierte Leitwerke für die Steuerung im waagerechten Flug. Im Senkrechtflug erfolgte die Kontrolle über die Ablenkung des Abgasstrahls mit Hilfe spezieller Ruder. Bei künftigen Ausführungen sollte der Ringflügel auch als Ummantelung des geplanten Staustrahltriebwerks dienen. Die Coléoptère verfügte jedoch noch über einen konventionellen Atar-Turbojet, der im kleinen Rumpf Platz fand. Im Cockpit ließen sich Sitz samt Steuerknüppel je nach Position des Flugzeugs schwenken. Die Zelle entstand bei Nord Aviation, und SNECMA übernahm die Ausstattung mit den Systemen. Dies nahm knapp ein Jahr in Anspruch, bis die Erprobung im Jahr 1958

Typ	Versuchs-Senkrechtstarter
Erstflug	5. Mai 1959
Produktion	ein Exemplar
Verbleib	abgestürzt
Besatzung	1
Antrieb	ein SNECMA Atar 101 E.V
Länge	8,02 m
Breite	4,51 m
Leermasse	2209 kg
Startmasse	3000 kg
Höchstgeschwindigkeit	800 km/h (geschätzt)
Flugdauer	25 Minuten

beginnen konnte. Wie beim fliegenden Atar gab es zunächst einige Hopser an einer Leine unter einem Gerüst. Am 5. Mai 1959 startete Auguste Morel dann zum ersten freien Flug, der rund drei Minuten dauerte. Beim neunten Flug schien wieder alles glatt zu gehen: Am 25. Juli 1959 hob der Cheftestpilot in Melun-Villrároche wie gewohnt ab. Die C.450 stabilisierte sich, begann dann aber plötzlich, schnell zu sinken und zu rotieren. Morel konnte sich in letzter Sekunde mit dem Schleudersitz retten, erlitt aber schwere Verletzungen. Als Unfallursache wurde ein verklemmter Schubhebel vermutet. Mit dem Verlust der Coléoptère war auch das gesamte Programm am Ende. Pläne für weitere Anwendungen des Ringflügels, unter anderem für zivile Passagierflugzeuge, blieben für immer auf dem Papier. ◂

Sopwith Cobham

Großbritannien

Der Dreidecker war das größte und einzige mehrmotorige Flugzeug von Sopwith, blieb aber erfolglos.

Vor allem seine Jagdeinsitzer des Ersten Weltkriegs machten den Flugzeugbauer legendär, doch gegen Ende der Kampfhandlungen wagte sich Sopwith in einen ganz neuen Bereich vor und entwarf einen zweimotorigen Bomber. Obwohl es für einen Einsatz im Krieg schon zu spät war bestellten die britischen Streitkräfte drei Exemplare der nach der Ortschaft in Surrey benannten Cobham. Wie schon beim Triplane-Jäger setzten die Konstrukteure auf die Verwendung von drei Tragflächen, um möglichst viel Auftrieb zu erzeugen. Als Antrieb verwendeten sie den Dragonfly von ABC Motors, der sich jedoch als chronisch unzuverlässig erwies. Als Alternative kam der Siddeley Puma ins Spiel, aber im Frühjahr 1919 standen sich die beiden fertigen Flugzeuge – das dritte Exemplar war mittlerweile abbestellt und blieb unvollendet – die Beine in den Bauch, weil keines der beiden Triebwerke verfügbar war. Im April 1919 konnte dann endlich der Erstflug mit den Pumas erfolgen, aber die Begeisterung über die Flugleistungen hielt sich in Grenzen. Im Frühjahr 1920 folgte der zweite Bomber mit den ursprünglichen Motoren, die aber auch nicht zu überzeugen wussten. Sopwiths Ausflug in den Bau von mehrmotorigen Typen blieb kein Erfolg beschieden. Wenig später scheiterte der Versuch, sich mit dem Bau von Motorrädern über Wasser zu halten, und das Unternehmen ging pleite. Eine Firma übernahm die Konkursmasse und sollte später unter dem Namen Hawker Aircraft weltberühmt werden. ◂

Typ	Bomber
Erstflug	April 1919
Produktion	zwei Exemplare
Verbleib	zerstört
Besatzung	3
Antrieb	zwei ABC Motors Dragonfly mit je 269 kW oder zwei Siddeley Puma mit je 220 kW
Länge	11,6 m
Spannweite	16,5 m
Höhe	4 m
Max. Startmasse	2858 kg
Bewaffnung	ca. 340 kg Bomben plus zwei MGs

Stipa-Caproni

„Das fliegende Fass" war noch einer der netteren Spitznamen, den das Versuchsflugzeug mit seinem ummantelten Propeller erhielt.

In den 20er Jahren kam der italienische Ingenieur Luigi Stipa auf die Idee, das Bernoulli-Prinzip auf die Luftfahrt anzuwenden. Der physikalische Grundsatz besagt, dass die Fließgeschwindigkeit einer Flüssigkeit in einer Röhre steigt, je weiter der Durchmesser abnimmt. Daher erfand er eine Anordnung, bei der sich der Propeller in einer sich verengenden Röhe befand. Dadurch sollte der Luftfluss beschleunigt und so der Vortrieb erhöht werden. Nach Jahren des Studierens und Berechnens wollte Stipa das Konzept endlich in die Tat umsetzen und überzeugte die italienische Regierung Anfang der 30er Jahre zum Bau eines entsprechenden Forschungsflugzeugs. Der Entwicklungsauftrag ging an Caproni. Dort entstand ein Fluggerät, dessen Rumpf praktisch aus der Röhre für die Luftschraube bestand. Am 7. Oktober 1932 startete Testpilot Domenico Antonini zum Jungfernflug. Die anschließende Erprobung zeigte zwar durchaus verbesserte Leistungen, aber der hohe Luftwiderstand des großen Rumpfes machte die Vorteile im Endeffekt wieder zunichte. ◄

Typ	Experimentalflugzeug
Erstflug	7. Oktober 1932
Produktion	ein Exemplar
Verbleib	vermutlich zerstört
Besatzung	1–2
Antrieb	ein de Havilland Gipsy III mit 90 kW Leistung
Länge	6,04 m
Spannweite	14,30 m
Höhe	3,24 m
Leermasse	570 kg
Startmasse	850 kg
Höchstgeschwindigkeit	133 km/h

Suchoi T-4

Das vielleicht spektakulärste Flugzeug der UdSSR wartete mit einer Geschwindigkeit von Mach 3 und einigen technischen Innovationen auf. Die T-4 konnte ihre Leistungsfähigkeit aber nie unter Beweis stellen. Nach nur zehn Flügen musste Suchoi das Projekt aufgeben.

So spektakulär wie ihre äußere Erscheinung und ihre Leistungsdaten waren auch die bei der Konstruktion der Suchoi T-4 verwendeten Technologien. So setzten die Ingenieure erstmals in der Sowjetunion eine Fly-by-Wire-Flugsteuerung ein, und der Bau lieferte wertvolle Erfahrungen bei der Verwendung des sehr hitzebeständigen Werkstoffes Titan. Dabei hätte es das revolutionäre Muster beinahe nicht gegeben. Anfang der 60er Jahre hatte die strategische Luftfahrt bei Nikita Chruschtschow einen schweren Stand. Der Parteichef der KPdSU favorisierte ganz klar Interkontinentalraketen und hätte am liebsten die Konstruktion aller schweren Bomber gestoppt. Ob die Entwicklung der amerikanischen XB-70 ihn zum Umdenken bewegte oder ob er die Ausschreibung für ein Mach 3-schnelles Angriffsflugzeug nur billigte, um damit Andrej Tupolew auszuschalten, sei dahingestellt. Neben dem Bomber-Spezialisten Tupolew sollten auch die eher für Jagdflugzeuge bekannten Konstruktionsbüros Jakowlew und Suchoi Entwürfe einreichen. In der Tat setzte sich Pawel Suchoi mit seinem „Projekt 100" (nach der angepeilten Startmasse von 100 Tonnen) gegen den deutlich größeren und langsameren Vorschlag von Tupolew durch. Im Wesentlichen handelte es sich bei der nun als T-4 bezeichneten Maschine um ein Flugzeug mit deltaförmigen Flügeln und Canards. Die vier Triebwerke waren nebeneinander in einer Gondel unter dem Rumpf untergebracht. Die Besatzung konnte mit Hilfe weitgehend automatisierter Funktionen des Hauptcomputers auf den Piloten und einen Bediener des Navigations- und Feuerleitsystems reduziert werden. Der Flugzeugführer besaß allerdings keinerlei Sicht nach vorne, so dass eine für Start und Landung

absenkbare Nase nötig war. Als Bewaffnung waren zwei Ch-45-Flugkörper vorgesehen.

Ende 1963 genehmigten die staatlichen Organe die Entwicklung, setzten aber eine Frist von nur fünf Jahren bis zum Erstflug. Angesichts der zahlreichen Herausforderungen schien das kaum zu schaffen, da die Designer in vielen Bereichen bei null anfangen mussten.

Doch die Politiker hatten nicht mit der Hartnäckigkeit Suchois gerechnet. Anfang 1967 kam die Genehmigung zum Bau eines Prototyps sowie von fünf Vorserienmaschinen. Trotzdem war die Deadline nicht zu halten. Schließlich konnten am 22. August 1972 Testpilot Vladimir Iljuschin und Navigator Nikolai Alfiorow mit der T-4 erstmals von der Piste in Shukowski bei Moskau abheben. Iljuschin lobte später das Flugverhalten, das dem eines Jägers gleich. Trotzdem blieb die Flugerprobung recht überschaubar, auch wenn es zu keinen schweren Zwischenfällen kam. Erst ein Jahr später während des neunten Flugs erreichte der Bomber am 6. August 1973 mit Mach 1.28 erstmals Überschallgeschwindigkeit. Bis zum zehnten Einsatz sollte es wiederum ein halbes Jahr dauern. Gleichzeitig stiegen die Kosten enorm, es ging der Spruch „100 Tonnen Gold" um. Der Flug am 22. Januar 1974 war dann auch der letzte in der Geschichte der T-4, denn im März 1974 kam der Befehl zur Einstellung des Programms. Tupolew hatte eine kostengünstigere Weiterentwicklung der Tu-22 ins Rennen geworfen, die sich schließlich durchsetzen sollte. Die T-4 kam 1982 ins Museum nach Monino, die im Bau befindlichen Vorserienmaschinen wurden verschrottet. Trotz seiner kurzen Karriere lieferte das „Mach-3-Monster" wertvolle Erkenntnisse für den Bau moderner Muster wie der Su-27. ◄

Typ	**strategischer Überschallbomber**
Erstflug	22. August 1972
Produktion	ein Exemplar
Verbleib	Museum Monino
Besatzung	2
Antrieb	4 Turbojets Kolesow RD36-41 mit je 156,9 kN Leistung
Länge	44,5 m
Spannweite	21,7 m
Höhe	11,2 m
Leermasse	55 600 kg
Max. Startmasse	125 000 kg
Höchstgeschwindigkeit	3200 km/h (geplant)
Reichweite	6000 km (geplant)

Frankreich

Sud-Est SE.100

Schwere Bewaffnung und schwache Motoren ist eine Kombination, die selten funktioniert. Auch die SE.100 hatte daher keine Chance.

Im August 1937 bestelle die französische Regierung zwei Prototypen der Lioré & Olivier LeO 50 als Sieger der Ausschreibung für einen schweren, dreisitzigen Jäger mit zwei Motoren. Da das Unternehmen zwischenzeitlich im Konzern Société Nationale de Construction Aéronautique du Sud-Est (SNCASE) aufgegangen war änderte sich die Bezeichnung in SE.100. Der Entwurf zeichnete sich durch einen kurzen Rumpf mit einem Endscheibenleitwerk und einem ungewöhnlichen Fahrwerk mit hintereinander liegenden Rädern und seitlichen Stützrädern aus. Die schwere Bewaffnung sollte aus vier 20 mm-Kanonen im Bug und einem Exemplar im Heckstand bestehen. Die ersten Flüge im Frühjahr 1939 verliefen bis auf eine harte Landung relativ erfolgreich. Allerdings mussten die Ingenieure bei der Steuerung nachbessern. Trotz der mittlerweile installierten stärken Motoren hatte die durchgeführten Modifikationen die Leermasse weiter in die Höhe schnellen lassen, und die SE.100 blieb selbst ohne die geplante Bewaffnung deutlich hinter den erwarteten Leistungen zurück. Am 5. April 1940 stürzte die Maschine zu allem Überfluss aufgrund eines Fehlers in der Propellerverstellung ab. Trotzdem fiel die Entscheidung zum Bau von 300 Serienexemplaren, während sich der zweite Prototyp der Fertigstellung näherte. Dieser sollte sogar neun 20 mm-Kanonen erhalten. Doch der Einmarsch deutscher Truppen beendete jegliche Aktivitäten. ◄

Typ	schweres Jagdflugzeug
Erstflug	29. März 1939
Produktion	zwei Exemplare
Verbleib	beide zerstört
Besatzung	3
Antrieb	zwei Gnome & Rhône 14 N mit je 783 kW Leistung
Länge	11,8 m
Spannweite	15,70 m
Höhe	4,28 m
Leermasse	5520 kg
Startmasse	6800 kg
Höchstgeschwindigkeit	600 km/h
Reichweite	1530 km
Bewaffnung	bis zu neun 20 mm-Kanonen plus Bomben im internen Waffenschacht (geplant)

Sud-Est SE.212 Durandal

Frankreich

Mit einer nur aus einem Flugkörper bestehenden Bewaffnung und schlechten Flugeigenschaften blieb die Klinge des nach dem Roland-Schwert benannten Jägers stumpf.

Klein aber oho schienen sich die Ingenieure in Toulouse gedacht haben, als sie den kompakten Deltaflügler mit ovalem Lufteinlauf im Bug und markanten Dreiecksflosse entwarfen. Sie hofften Anfang der 50er Jahre auf den lukrativen Auftrag für einen neuen Abfangjäger der Armée de l'Air, und konnten zunächst die Bestellung von zwei Prototypen verbuchen. Die damalige Strategie sah die schnelle Bekämpfung von anfliegenden Zielen zur Verteidigung des eigenen Gebiets vor. Dafür wähnten die Konstrukteure die SE.212 gut geeignet, auch wenn die Bewaffnung nur aus einem Flugkörper bestehen sollte. Nach verschiedenen Vorschlägen entschieden sie sich für einen Atar-Turbojet als Antrieb, der im Bedarfsfall mit einem abnehmbaren Raketentriebwerk unter dem Rumpf ergänzt werden konnte. Die Flugtests nach dem Erstflug am 20. April 1956 in Istres zeigten jedoch das Auftreten von unerwünschten Schwingungen und Schwierigkeiten mit der Flugsteuerung. Diese Probleme ließen sich zwar noch ansatzweise in den Griff bekommen, aber die Verschiebung des Schwerpunktes nach hinten, um die Anfluggeschwindigkeit in Grenzen zu halten, sorgte für ein ungünstiges Flugverhalten. Damit war das Muster ungewollt seiner Zeit voraus, denn instabile Auslegungen sind bei heutigen Fightern an der Tagesordnung. Nur damals gab es eben noch keine digitale Flugsteuerung, die den Piloten das Leben deutlich einfacher macht. Außerdem kritisierte das Bewertungskomitee die minimale Bewaffnung und senkte den Daumen für die Durandal. Den beiden Maschinen waren noch einige Flüge als Erprobungsträger vergönnt, bis sie auf den Schrottplatz wandern mussten. ◂

Typ	Jagdflugzeug-Prototyp
Erstflug	20. April 1956
Produktion	zwei Exemplare
Verbleib	verschrottet
Besatzung	1
Antrieb	ein SNECMA Atar 101 G mit 43 kN Schub plus ein Raketentriebwerk SEPR 65 mit 7,36 kN Schub (abnehmbar)
Länge	12,07 m
Spannweite	7,44 m
Höhe	4,10 m
Leermasse	4575 kg
Startmasse	6700 kg
Höchstgeschwindigkeit	Mach 1.57
Bewaffnung	ein Luft-Luft-Flugkörper Matra R510/511

Typ	Mehrzweck-Flugschrauber
Erstflug	25. Mai April 1945
Produktion	zwei Exemplare
Verbleib	vermutlich verschrottet
Besatzung	Pilot plus zwei Passagiere
Antrieb	ein Béarn 6 D-07 mit 243 kW
Länge	6,55 m
Rotordurchmesser	12,50 m
Höhe	3,80 m
Leermasse	1400 kg
Max. Startmasse	2000 kg
Höchstgeschwindigkeit	265 km/h
Reichweite	660 km
Nutzlast	320 kg

Sud-Est SE.700

Für den ersten kommerziellen Autogyro des Landes sahen die Konstrukteure einen vielfältigen Anwendungsbereich. Doch der Zweite Weltkrieg machte ihre Hoffnungen zunichte.

Mitte der 30er Jahre begann in Frankreich die Lizenzproduktion des vom Spanier Juan de la Cierva entworfenen Autogyros, dessen Einsatzmöglichkeiten recht überschaubar waren. Daher wollten die Konstrukteure bei Sud-Est das Konzept des Flugschraubers auf ein neues Niveau heben und entwarfen ein Muster mit einer verkleideten Kabine für drei Personen. Die Maschine sollte unter anderem Post oder wichtige Güter auf kurzen Strecken befördern.

Anfang 1940 begann der Bau, der aber nur schleppend vorankam, da Kampfflugzeuge aufgrund des Krieges Priorität hatten. Zudem offenbarte der vorgesehene Béarn-Motor einige Probleme. Auch das Interesse der späteren deutschen Besatzer hielt sich zunächst in Grenzen, bis eine Lufthansa-Kommission zwei Prototypen zur Erprobung bestellen ließ. Schließlich stiegen die Ingenieure auf einen Renault-Motor um, mit dem die SE.700 schließlich am 13. April 1944 einen ersten Standlauf absolvierte. Als die Alliierten schließlich im August 1944 einmarschierten dokterte man immer noch am Antrieb herum und kämpfte mit starken Vibrationen. Nach dem Kriegsende war es endlich soweit: Am 25. Mai 1945 erfolgte der erste Flug. Allerdings dauerte er nur knapp eine Minute, weil sich das Muster unkontrolliert nach links neigte. Der Pilot erreichte nur eine Höhe von sechs Metern und attestierte dem Fluggerät eine „Unsteuerbarkeit". Auch die späteren, wenigen Testflüge dauerten nur einige Minuten. Am 21. März 1946 legte die erste SE.700 zu allem Überfluss eine Bruchlandung hin, während das zweite Exemplar immer noch auf den passenden Antrieb wartete, und im Endeffekt niemals fliegen sollte. Die Entwicklung zog sich immer weiter hin, bis das französische Rüstungsministerium im Oktober 1947 endgültig den Stecker zog und die Anweisung zur Einstellung des Programmes gab. ◄

Sud-Est SE.2100

Frankreich

Der spätere Chefingenieur der Concorde schuf in den 40er Jahren ein fortschrittliches, aber letztendlich erfolgloses Reiseflugzeug.

Während des Zweiten Weltkriegs gab die französische Führung die Entwicklung eines zweisitzigen Reiseflugzeugs in Auftrag. Unter der Führung von Pierre Satre entstand ein äußerst ungewöhnlicher Entwurf ohne Heckleitwerk, dafür aber mit einer gepfeilten Tragfläche mit kleinen Leitwerksflächen an ihren Enden. Der Motor hinter der Kabine trieb einen Druckpropeller an. Der Bau zog sich indes noch bis nach Kriegsende hin, und so konnte die SE.2100 erst am 4. Oktober 1945 zu ihrem Erstflug starten. Im folgenden Jahr trat sie auch auf der Luftfahrtmesse in Le Bourget auf, aber Verkäufe sollten sich nicht einstellen. Daher blieb der schwanzlose Pusher ein Einzelstück, obwohl die Flugleistungen durchaus ansprechend gewesen sein sollen. ◀

Typ	Reiseflugzeug
Erstflug	4. Oktober 1945
Produktion	ein Exemplar
Verbleib	vermutlich verschrottet
Besatzung	2
Antrieb	ein Renault 4Pei mit 140 kW Leistung
Länge	4,9 m
Spannweite	9,89 m
Höhe	1,89 m
Leermasse	518 kg
Startmasse	800 kg
Höchstgeschwindigkeit	226 km/h
Reichweite	500 km

Sud-Est SE.2410 Grognard

Frankreich

Trotz einiger Kinderkrankheiten erreichte das frühe Jet-Kampfflugzeug eine Geschwindigkeit von mehr als 1000 km/h.

Nach dem Ende des Zweiten Weltkriegs strebte Frankreich wieder an die Spitze des Flugzeugbaus, und zwar mit neuartigen Düsenflugzeugen. Daher bekam die Société Nationale des Constructions Aéronautiques du Sud-Est (SNCASE) schon am 30. November 1945 den Auftrag zur Entwicklung eines zweistrahligen Kampfflugzeugs, dessen Bewaffnung aus Kanonen und Raketen bestehen sollte. Auf der Suche nach einer aerodynamisch sauberen Anordnung der Triebwerke gingen die Konstrukteure einen neuen Weg: Sie installierten die Aggregate übereinander im Rumpf und führte die Luft über einen Einlauf auf dem Rumpfrücken zu. Da die ursprünglich vorgesehen französischen Antriebe nicht verfügbar waren griff man auf das von Hispano-Suiza in Lizenz gebaute Rolls-Royce Nene zurück. Die SE.2410 erhielt außerdem eine um 47 Grad gepfeilte Tragfläche sowie einen internen Waffenschacht. Die Umsetzung des Entwurfes mit seinen Innovationen benötigte jedoch mehr Zeit als ursprünglich veranschlagt, und staatliche Sparzwänge sorgte für so manche Streichung. Statt der drei Prototypen sollte Sud-Est nun nur die SE.2410 als Testflugzeug und ein Exemplar mit Bewaffnung, die spätere SE.2415, bauen. Nachdem neue Räder aus Großbritannien und ein Bremsschirm die anfänglichen Bremsprobleme behoben hatten konnte Pierre Nadot schließlich am 30. April 1950 mit dem „Grognard" (Haudegen) genannten Muster in Toulouse zum Jungfernflug starten.

Bei höheren Geschwindigkeiten traten jedoch im Heckbereich starke Vibrationen auf, welche die Ingenieure zunächst nicht in den Griff bekamen. Am 14. Februar 1951 stieß auch die zweite Maschine

zur Erprobung; sie unterschied sich von ihrem Vorgänger neben der militärischen Ausrüstung auch durch den verlängerten Rumpf und die verringerte Flügelpfeilung. Gleich blieben jedoch die ungeliebten Vibrationen. Dabei war die Ursache ganz profan: Verursacher waren die Spalte der Zugangsklappen zu den Triebwerken, was sich erst durch das Anbringen von Wattebäuschen und das Filmen aus einem Begleitflugzeug ergab. Klebeband auf die Klappen, und das Rattern war weg! Später erreichte die SE.2410 sogar eine Geschwindigkeit von 1038 km/h. Dennoch ging der Serienauftrag an die weniger komplex aufgebaute Sud-Ouest SO.4050 Vautour. Die beiden Grognards flogen trotz der Niederlage noch einige Zeit als Testträger weiter, bis sie bei Unfällen beschädigt wurden und im Schmelztiegel landeten. ◂

Typ	Kampfflugzeug
Erstflug	30. April 1950 (SE.2410), 14. Februar 1951 (SE.2415)
Produktion	zwei Exemplare
Verbleib	verschrottet
Besatzung	1
Antrieb	zwei Hispano-Suiza Nene mit je 22,4 kN Schub
Länge	15,43 m (SE.2410), 16,84 m (SE.2415)
Spannweite	13,58 m (SE.2410), 15,58 m (SE.2415)
Höhe	2,65 m
Leermasse	11 117 kg (SE.2410), 11 312 kg (SE.2415)
Startmasse	14 600 kg (SE.2410), 14 100 kg (SE.2415)
Höchstgeschwindigkeit	1038 km/h (SE.2410), 960 km/h (SE.2415)
Reichweite	860 km (SE.2410), 940 km (SE.2415)
Bewaffnung	32 ungelenkte Raketen (SE.2415)

Sud-Est SE.5000 Baroudeur

Obwohl die Idee von Start und Landung auf Kufen funktionierte, blieb die SE.5000 trotz guter Leistungen erfolglos. Vielleicht war sie einfach zu radikal.

Nach dem Ende des Zweiten Weltkriegs dominierten die neuen Strahlflugzeuge die Luftfahrtentwicklung mit ihren immer höheren Geschwindigkeiten. Aber gegenüber ihren Propeller-Vorgängern hatten sie einen gravierenden Nachteil: Sie benötigten lange und verwundbare Beton-Startbahnen. Um diese Problematik zu umgehen entstanden zahlreiche Senkrecht-Start-Projekte, die jedoch teils mit enormen Leistungseinbußen zu kämpfen hatten. Als es um die Konstruktion eines neuen Jägers für die Amée de l'Air ging entschied sich daher die Führung von Sud-Est für ein konventionelles Flugzeug – mit einer Ausnahme: Die Landung der SE.5000 sollte auf ausfahrbaren Kufen im Gelände erfolgen. Somit war kein Fahrwerk nötig, und die Notwendigkeit befestigter Pisten entfiel ebenfalls. Der Start erfolgte mit Hilfe eines auf Rollen gelagerten Startschlittens, der sich nach dem Abheben abwerfen ließ, aber bei Verlegungen auch eine Landung erlaubte. Um die Startstrecke zu verkürzen konnte der Schlitten mit Hilfsraketen bestückt werden. Die im Sommer 1953 begonnene Erprobung verlief um einiges reibungsloser als man hätte denken können. Die Flugeigenschaften der nun „Baroudeur" (Haudegen) getauften Maschine erwiesen sich als recht gut, und selbst die Starts und Landungen auf verschiedenen Untergründen von Schotter bis Sand produzierten keine spektakulären Unfälle. Aber das Militär ließ sich zunächst nicht von den Vorzügen beeindrucken. Erst spät bestellten die Beamten drei weitere Testflugzeuge, nachdem Sud-Est die ersten zwei Prototypen auf eigene Kosten gebaut hatte. Aber eine Serienfertigung folgte nicht. Die letzte Chance lag im NATO-Wettbewerb für einen leichten Jagdbomber, den schließlich die Fiat G.91 gewann. Die fünf Baroudeur endeten als Schießziele in Cazaux. Aus den Überresten rekonstruierte später ein Verein eine SE.5000 zu Ausstellungszwecken. ◄

Typ	Jagdflugzeug
Erstflug	1. August 1953
Produktion	fünf Exemplare
Verbleib	zerstört, eine Maschine in der Sammlung des Musée de l'Air
Besatzung	1
Antrieb	ein SNECMA Atar 101 E-4 mit 36,28 kN Leistung
Länge	13,66 m
Spannweite	10 m
Höhe	3,25 m
Leermasse	4520 kg
Max. Startmasse	7150 kg
Höchstgeschwindigkeit	Mach 0.97
Bewaffnung	zwei 30 mm-Kanonen im Bug plus Außenlasten an vier Stationen

Sud-Ouest SO.8000 Narval

Frankreich

Der Kolbenmotor-Jäger sah zwar gut aus, aber die schlechten Flugeigenschaften ließen den geplanten Flugzeugträger-Einsatz nicht zu.

Als einer der letzten französischen Propellerjäger sollte die Narval auf den Flugzeugträgern der Marine Nationale zum Einsatz kommen. Der Entwurf besaß eine leicht gepfeilte Tragfläche, ein Bugfahrwerk und zwei Leitwerksträger. Als Antrieb der zwei gegenläufigen Druckluftschrauben kam ein flüssigkeitsgekühlter Zwölfzylinder-Motor Arsenal H-12 auf der Basis des deutschen Junkers Jumo 213 zum Einsatz. Dank ihrer ungewöhnlichen Auslegung machte die Maschine, die sowohl als Jäger als auch als Angriffsflugzeug produziert werden sollte, einen recht modernen Eindruck. Am 31. Mai 1946 erhielt Sud-Ouest den Auftrag zum Bau von zwei Prototypen, die beide im Lauf des Jahres 1949 flogen. Sie lieferten allerdings ernüchternde Ergebnisse. Die Flugeigenschaften vor allem bei niedrigen Geschwindigkeiten ließen zu wünschen übrig, besonders fatal für den vorgesehenen Einsatz auf Flugzeugträgern. Hinzu kam die Unzuverlässigkeit des Motors. Letztendlich setzte die Aeronavale für künftige Muster auf den Strahlantrieb und kaufte die in Lizenz gebaute de Havilland Vampire. Da sich das britische Produkt als früher verfügbar und zuverlässiger erwies blieb eine Jet-Ausführung der SO.8000 auf dem Reißbrett. Insgesamt absolvierten die beiden Narvals nur 45 Flüge bis zur Einstellung des Programms Anfang 1950. ◂

Typ	trägergestütztes Kampfflugzeug
Erstflug	1. April 1949
Produktion	zwei Exemplare
Verbleib	verschrottet
Besatzung	1
Antrieb	ein Arsenal 12 H-02 mit 1655 kW Leistung
Länge	11,83 m
Spannweite	11,77 m
Höhe	3,2 m
Startmasse	7000 kg
Höchstgeschwindigkeit	730 km/h
Reichweite	4500 km
Bewaffnung	sechs 20 mm-Kanonen sowie verschiedene Außenlasten

SO.9000-01

Frankreich

Sud-Ouest SO.9000 Trident

Europas erster Jäger mit Mischantrieb machte eher durch zahlreich Unfälle und Abstürze von sich reden und war in seiner Verwendung stark eingeschränkt.

Möglichst schnell ans Ziel heranschießen, das war auch in der Entwicklungsabteilung von Sud-Ouest Trumpf, wenn es Anfang der 50er Jahre in Frankreich um neue Jäger ging. Der Name Trident (für „Dreizack") kam nicht von ungefähr, denn gleich drei Triebwerke sollten die SO.9000 in Richtung Mach 2 katapultieren. Um die geplante Steigleistung von zwei Minuten auf 18 000 Meter Höhe zu erreichen setzte das Konstruktionsteam unter Lucien Servanty auf einen schlanken, geschossförmigen Rumpf mit einem Raketenantrieb im Heck. Für den Start und den Reiseflug sah man zwei Turbojets in Behältern an den Enden der dünnen, ungepfeilten Tragfläche vor. Statt eines Schleudersitzes ließ sich im Notfall der ganze Bug als Rettungskapsel absprengen. Mitte 1950 erhielt das Unternehmen den Auftrag zum Bau von zwei Prototypen. Beim Erstflug der SO.9000-01 am 2. März 1953 ging noch alles gut, aber beim Jungfernflug der zweiten Maschine am 30. August offenbarte sich die dramatische Untermotorisierung ohne den Raketen-Boost. Bei hohen Temperaturen konnte Jacques Guignard einfach nicht rechtzeitig abheben und krachte in ein Hindernis. Das Flugzeug war Schrott, und der Testpilot konnte erst nach einigen Monaten das Krankenhaus wieder verlassen. Mit dem zugeschalteten Flüssigkeitsraketentriebwerk SEPR-48, das zum ersten Mal am 4. September 1954 zum Einsatz kam, sah die

SO.9050-01

Sache schon anders aus. Aber wehe, es fiel aus; so konnte Charles Goujon wenig später nur knapp einen Absturz vermeiden. Abhilfe schufen stärkere Viper-Jetantriebe. Die Erprobung hielt sich aber in Grenzen, denn schon am 19. Juli 1955 startete Goujon mit dem Nachfolger in den Himmel über Istres. Die SO.9050 Trident II unterschied sich von ihrem Vorgänger durch ein verbessertes Raketenaggregat, einen Schleudersitz, eine gewichtsoptimierte Struktur und ein modifiziertes Fahrwerk. Doch trotz der Änderungen schien das Pech an dem Programm zu kleben wie ein zäher Kaugummi: Goujon überlebte zwar den von Treibstoffmangel verursachten Absturz der zweiten Trident, kam aber später bei der Explosion der ersten SO.9050 ums Leben, als sich im Flug Treibstoffreste vermischten und entzündeten. Bis zum Schluss arbeiteten die Ingenieure bei Sud-Ouest an Änderungen der verbliebenen Jets und weiteren Versionen, aber gegen die vielseitigere Dassault Mirage III war kein Kraut gewachsen. Nach rund 600 Flügen endete das Jäger-Projekt im Mai 1958. ◂

Typ	**Jäger mit Mischantrieb**
Erstflug	2. März 1953
Produktion	acht Exemplare
Verbleib	erste Maschine in Musée de l'Air in Le Bourget, drei Flugzeuge abgestürzt, Rest verschrottet
Besatzung	1
Antrieb (SO.9050)	zwei Dassault MD-30 (Armstrong Siddeley ASV.5 Viper) mit einer Leistung von je 7,62 kN und ein Raketentriebwerk SEPR-63 mit einer Leistung von 29,43 kN
Länge	14,37 m
Spannweite	7,55 m
Höhe	3,16 m
Leermasse	2450 kg
Startmasse	5000 kg
Höchstgeschwindigkeit	Mach 1.7
Bewaffnung	eine Luft-Luft-Lenkwaffe Matra R511 (geplant)

Supermarine Nighthawk

Der Vierdecker sollte im Ersten Weltkrieg deutsche Zeppeline bekämpfen und bis zu 18 Stunden in der Luft bleiben können. Beim Namen Nighthawk denkt man meist an das Stealth-Flugzeug F-117A, aber schon viele Jahrzehnte zuvor gab es ein ähnlich spektakuläres, aber deutlich erfolgloseres Flugzeug mit dieser Bezeichnung. Um die nächtlichen Angriffe der deutschen Zeppeline zu unterbinden, entstand im Verlauf des Ersten Weltkriegs bei Pemberton-Billing die P.B.31E. Aus der Firma wurde wenig später das Unternehmen Supermarine Aviation Works, das die Arbeiten fortführte. Die Ingenieure wählten eine Auslegung mit vier Tragflächen übereinander und einem doppelten Höhenleitwerk. Die bis zu fünfköpfige Besatzung sollte mit einem Suchscheinwerfer, der erstmals über einen eigenen Antrieb in Form eines Verbrennungsmotor verfügte, den Gegner aufspüren und mit einer 37 mm-Kanone und zwei 7,7 mm-MGs bekämpfen. Über dem Führerstand befand sich noch eine Art Aussichtsturm. Die Erprobung offenbarte jedoch eine chronische Leistungsschwäche, die eine effektive Bekämpfung der Zeppeline verhinderte: Die Nighthawk war nämlich mit Ach und Krach gerade einmal so schnell wie der Gegner, und ging daher verständlicherweise nicht in Serie. ◂

Typ	Zeppelin-Jäger
Erstflug	Februar 1917
Produktion	ein Exemplar
Verbleib	verschrottet
Besatzung	4 – 5
Antrieb	zwei Anzani 10 mit je 75 kW Leistung
Länge	11,28 m
Spannweite	18,29 m
Höhe	5,4 m
Leermasse	1668 kg
Startmasse	2788 kg
Höchstgeschwindigkeit	121 km/h
Einsatzdauer	9-18 Stunden (geplant)
Bewaffnung	eine 37 mm-Kanone und zwei 7,7 mm-MGs

Tarrant Tabour

Großbritannien

Nur für kurze Zeit war der sechsmotorige Dreidecker-Bomber das größte Flugzeug der Welt.

Viel vorgenommen für den ersten eigenen Entwurf hatte sich 1917 das Unternehmen von Walter George Tarrant: Die eigentliche Baufirma hatte im Ersten Weltkrieg Flugzeugkomponenten gefertigt und wollte nun einen Großbomber bauen, der bis nach Berlin fliegen konnte. Da sich die ursprünglich geplante Motorisierung nicht realisieren ließ musste das Team unter Walter Barling einen schwächeren Antrieb verwenden und auf eine Auslegung als Dreidecker zurückgreifen. Da sich die Arbeiten bis nach dem Ende des Krieges hinzogen plante man die Änderung des Entwurfs in ein Passagierflugzeug. Dazu sollte es aber nicht kommen, denn der Start zum Erstflug am 26. Mai 1919 endete tragisch: die Tabour rollte unter der Kraft der unteren vier Motoren, aber als die beiden Piloten auch bei den beiden oberen Exemplaren Vollgas gaben setzte die Maschine zu einem Salto an und krachte auf die Nase. Die Piloten erlagen später ihren Verletzungen. Damit war das Schicksal der Tabour besiegelt, sie sollte das einzige jemals von Tarrant gebaute Flugzeug bleiben. ◄

Typ	schwerer Bomber
Erstflug	26. Mai 1919
Produktion	ein Exemplar
Verbleib	verunglückt
Besatzung	6
Antrieb	sechs Napier-Lion W-12 mit je 336 kW Leistung
Länge	22,31 m
Spannweite	40,02 m
Höhe	11,36 m
Leermasse	11 250 kg
Startmasse	20 305 kg
Höchstgeschwindigkeit	177 km/h (geplant)
Reichweite	1932 km (geschätzt)
Bewaffnung	bis zu 2100 kg Bombenlast (geplant)

Dank der zwei zu testenden Sapphire-Turbojets konnte diese Avro Lancastrian auch mit abgestellten Merlin-Motoren fliegen.

Triebwerkstestflugzeuge

Um neue Antriebe im Flug zu erproben setzen die Ingenieure seit jeher auf spezielle Testflugzeuge, die teilweise im unkonventionellen Triebwerksanordnungen daherkommen.

Neue Motoren bergen immer ein gewisses Risiko. Wenn dann noch ein komplett neuer Flugzeugentwurf dazu kommt kann es heikel werden. Um unliebsame Überraschungen zu vermeiden testen Triebwerkshersteller daher neue Produkte gerne in der Luft an fliegenden Prüfständen. Hier lässt sich das Betriebsverhalten unter Einsatzbedingungen untersuchen, ohne dass ein möglicher Ausfall katastrophale Folgen hat. In der Anfangszeit nutzte man zu diesem Zweck meist mehrmotorige Bomber, bei denen der Proband entweder ein bestehendes Triebwerk ersetzte oder einfach dazu montiert wurde. Neue Propellerantriebe fanden oft in der Nase von Mustern Platz wie Avro Lancaster, Boeing B-17 oder sogar einem 720-Jet von

Sowohl Curtiss-Wright als auch Pratt & Whitney nutzten eine Boeing B-17 als Versuchsflugzeug. Das zu erprobende Aggregat fand im Bug Platz.

Der auch in der Transall verwendete Tyne-Turboprop machte seine ersten Flüge im Bug einer Avro Lincoln.

Kanada erprobte das Iroqouis-Triebwerk von Orenda für die CF-105 Arrow am hinten Rumpf einer B-47.

Anfang der 50er Jahre ließ die US Air Force zwei Stratojets zu Versuchen mit dem YT49-Turboprop von Wright umrüsten. Sie trugen die Bezeichnung XB-47D.

Boeing. Bei Strahlaggregaten bot sich eine Anbringung unter dem Rumpf an. Heute kommen im zivilen Bereich meist Airliner wie die Boeing 747 zum Einsatz. Die fliegerischen Herausforderungen haben sich über die Jahrzehnte nicht geändert: der Bediener des Prüflings muss eng mit dem Piloten des Flugzeugs zusammenarbeiten, um

Rolls-Royce ließ das Pegasus-Triebwerk für den späteren Harrier an einem Valiant-Bomber der Royal Air Force erproben.

Für das Olympus des Concorde-Überschall-Airliners kam eine Avro Vulcan zum Einsatz.

Schwierigkeiten bei plötzlichen Lastwechseln oder Ähnlichem zu vermeiden. Je nach Installationsort muss die Crew ihre Maschine auch bei asymmetrischem Schub ausbalancieren. Wie immer gab es aber auch Ausnahmen. So verwendete die US Air Force den Prototyp eines einsitzigen Kampfjets zur Erprobung eines Turboprops, was dem Testpiloten der XF-88 sicher zu einer gewaltigen Arbeitsbelastung verholfen hat. Trotz aller Fortschritte bei der Computer-Simulation bleiben die Konstrukteure auch in absehbarer Zukunft diesen „Flying Testbeds" treu. ◄

Die einsitzige McDonnell XF-88B bekam zusätzlich zu ihren zwei J34-Jets einen T38-Turboprop von Allison in der Nase verpasst.

General Electric lieh sich für Flugtests des zivilen CF6-Aggregats eine Boeing B-52 der US Air Force aus.

Bei der Erprobung des Unducted Fans (UDF) an einer 727 arbeitete General Electric mit Boeing zusammen. Das GE 36 sollte bei der geplanten 7J7 zum Einsatz kommen, die jedoch nie verwirklicht wurde.

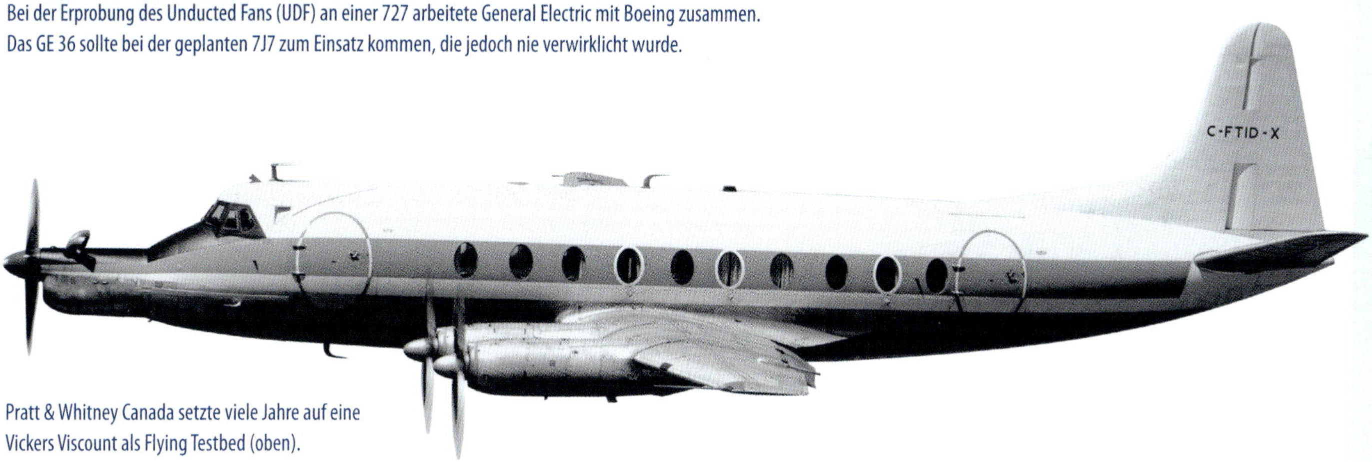

Pratt & Whitney Canada setzte viele Jahre auf eine Vickers Viscount als Flying Testbed (oben).

Kein fliegender Prüfstand, aber trotzdem kurios: In den 70er Jahren erprobte Lockheed den Transport eines Ersatztriebwerks an einer L-1011 TriStar.

Vickers Vulcan

Bei dem Namen „Vulcan" denkt man zunächst an den berühmten Delta-Bomber von Avro. Der Namensvetter von Vickers war aber bei weitem nicht so elegant und erfolgreich.

In den 20er Jahren hatten britische Fluglinien einen schweren Stand gegenüber ihren französischen Konkurrenten, die aufgrund von staatlichen Subventionen um die Hälfte günstigere Preise anbieten konnten. „Die zivile Luftfahrt muss alleine fliegen können", sagte damals ein gewisser Parlamentsabgeordneter namens Winston Churchill. Resultat: Die ersten Airlines gingen Pleite. Um die Situation etwas zu verbessern wollte Vickers ein günstiges Transportflugzeug kreieren, das ganz ohne Staatshilfen auskommt. Um eine geräumige Kabine für acht Passagiere herum entstand die Vulcan. Als Antrieb des Doppeldeckers wählte Chefkonstrukteur Rex Pierson den Eagle-VIII von Rolls-Royce, da der Motor aus Kriegsbeständen günstig verfügbar war. Der Pilot saß in einem offenen Cockpit oben auf dem Rumpf. Als erste Gesellschaft kaufte die Instone Air Line vier Exemplare. Nur knapp einen Monat nach dem am 7. Mai 1922 erfolgten Jungfernflug ging die erste Maschine bereits auf der Strecke von Croydon nach Paris in den Einsatz. Aber die Flugleistungen blieben hinter den Versprechen zurück, und so nahm Instone nur drei Vulcans ab und verklagte Vickers darüber hinaus. Nach kurzer Erprobung nahm auch Qantas Abstand von einer Bestellung. So blieb es bei insgesamt neun gebauten Flugzeugen, von denen das letzte noch bis Juli 1928 flog. ◄

Typ	**Verkehrsflugzeug**
Erstflug	7. Mai 1922
Produktion	neun Exemplare
Verbleib	zwei verunglückt, Rest verschrottet
Besatzung	Pilot plus acht Passagiere
Antrieb	ein Rolls-Royce Eagle VIII mit 268 kW
Länge	11,43 m
Spannweite	14,94 m
Höhe	4,34 m
Leermasse	1710 kg
Startmasse	2786 kg
Max. Reisegeschwindigkeit	169 km/h
Reichweite	579 km

Vickers Windsor

Die Nachfolge eines legendären Musters wie der Avro Lancaster anzutreten ist nicht leicht; die Windsor war dieser Aufgabe nicht gewachsen.

Den mit dem zweimotorigen Wellington-Bomber gemachten Erfolg wollte Vickers mit der größeren Warwick fortführen, aber das ebenfalls mit zwei Triebwerken ausgestattete Muster blieb hinter den Erwartungen zurück. Also entschied sich die Firmenführung, ihr Glück mit einem viermotorigen Entwurf zu versuchen. Ursprünglich als Höhenbomber mit Druckkabine geplant behielt die Maschine die typische geodätische Struktur – quasi ein Gittergerüst – ihrer Vorgänger, bekam aber einen neugestalten Bug mit einem Jäger-ähnlichen Cockpit. Das Hauptfahrwerk bestand ungewöhnlicherweise aus vier Rädern, je eines pro Triebwerksgondel. Im Herbst 1943 absolvierte die erste Windsor ihren Jungfernflug, verunglückte aber knapp ein halbes Jahr später. Der zweite Prototyp führte die Erprobung fort und bekam später Gesellschaft in Form eines dritten Exemplars. Dieses entstand eigens zu Tests der geplanten, ferngesteuerten Waffenstationen an den Enden der beiden äußeren Motorgondeln. Das Ende des Krieges und die guten Leistungen der konkurrierenden Lancaster-Weiterentwicklung in Form der Avro Lincoln sorgten jedoch für das Ende des Programms. ◀

Typ	schwerer Bomber
Erstflug	20. Oktober 1943
Produktion	drei Exemplare
Verbleib	erste Maschine verunglückt, Rest verschrottet
Besatzung	6 – 7
Antrieb	vier Rolls-Royce Merlin 65 mit je 1203 kW Leistung
Länge	23,42 m
Spannweite	35,71 m
Höhe	7,01 m
Leermasse	17 511 kg
Startmasse	24 494 kg
Höchstgeschwindigkeit	510 km/h
Reichweite	4650 km
Bewaffnung	6800 kg Bombenlast, vier 20 mm-Kanonen

Vought F7U Cutlass

USA

Obwohl mehr als 300 Exemplare die Produktionshallen verließen erwies sich das Trägerflugzeug als Fehlschlag. Die Cutlass flog nur kurz im aktiven Dienst und galt als Witwenmacher.

Die Liste der Premieren ist lang: Die F7U war das erste Flugzeug der US Navy mit gepfeilten Tragflächen und steuerbarem Bugrad sowie das erste US-Muster in Serienfertigung mit Nachbrennern, einer schwanzlosen Auslegung und dem später in den 70er Jahren wieder in Mode kommenden Doppelleitwerk. Aber leider ist die Zahl der Abstürze noch um ein Vielfaches länger. Rund ein Viertel der Trägerjets ging verloren. Dementsprechend schlecht war der Ruf der Cutlass (Entermesser) genannten Maschine. Viele Piloten sagten später, sie hatten die F7U nicht geflogen, sondern überlebt. Vought hatte den Entwurf beim 1945 gestarteten Wettbewerb der US Navy für einen strahlgetriebenen Jäger ins Rennen geschickt und hoffte auf eine Fortsetzung des Erfolgs der F4U Corsair. Die Aussichten waren zunächst nicht schlecht: das innovative Design versprach gute Leistungen, und die Marine bestellte ein erstes Produktionslos. Allerdings kam es während der im Herbst 1948 begonnenen Erprobung bereits zu mehreren Abstürzen – alle drei Prototypen verunglückten. Nach mehreren Modifikationen konnte Vought schließlich mit der F7U-3 ein einsatzreifes Flugzeug präsentieren, das 1954 zu den ersten Einheiten kam. Aber die Unfallserie ging weiter, zum Teil waren die jungen Piloten mit der komplexen Cutlass einfach überfordert. Allerdings war die Unfallrate bei der US Navy damals generell extrem hoch: So verlor man Im Jahr 1954 alleine 776 Flugzeuge – im Schnitt zwei pro Tag! Trotzdem war das Vought-Produkt mit dem Verlust von 78 Exemplaren besonders betroffen, und so endete die Fertigung schon im August 1955. Die letzte aktive Maschine ging am 2. März 1959 in den Ruhestand. ◂

Typ	trägergestütztes Jagdflugzeug
Erstflug	29. September 1948
Produktion	307
Verbleib	nur sieben Maschinen erhalten (teilweise nur Komponenten), davon zwei ausgestellt im National Museum of Naval Aviation und USS Midway Museum
Besatzung	1
Antrieb	zwei Westinghouse J46-WE-8 mit je 27 kN Leistung (F7U-3)
Länge	13,13 m
Spannweite	12,09 m
Höhe	4,36 m
Leermasse	7757 kg
Max. Startmasse	14 353 kg
Höchstgeschwindigkeit	1095 km/h
Reichweite	1120 km
Bewaffnung	vier 20 mm-Kanonen plus 900 kg Außenlasten

Vought F8U-3 Crusader III

Der fliegende Haifisch hätte für lange Zeit der schnellste und beste Jäger der USA sein können. Doch es gab ein noch besseres Flugzeug: Die F-4 Phantom.

Mitte der 50er Jahre suchte die US Navy einen neuen Abfangjäger zum Schutz ihrer Trägerflotte. Vought warf eine stark verbesserte Version der bewährten F-8 Crusader ins Rennen. Bei genauem Hinsehen entpuppte sich die F8U-3 aber als komplett neuer Entwurf, der lediglich die allgemeine Auslegung seines Vorgängers einschließlich der charakteristischen Tragfläche mit verstellbarem Anstellwinkel beibehielt. Ansonsten war die Crusader III deutlich größer und erhielt unter dem Heck zwei große Flossen zur Stabilisierung, die automatisch beim Einfahren des Fahrwerks nach unten klappten. Die untere Lippe des Lufteinlaufs war zur Vermeidung der erwarteten Schockwellen bei hohen Geschwindigkeiten nach vorne gezogen. Besonders im Flug ähnelte die Maschine daher einem Haifisch. Chefingenieur John Russell Clark und sein Team setzen bei den Systemen auf ein Feuerleitsystem mit dem neuen Westinghouse-Radar AN/APQ-74 zum Einsatz der drei halb im Rumpf versenkten Sparrow-Flugkörper und auf ein Pratt & Whitney J75 als Antrieb. In der Serienversion sollten vier Sidewinder-Flugkörper die Bewaffnung ergänzen. Wie bei vielen anderen zeitgenössischen Mustern verzichtete man auf eine Maschinenkanone, was sich später allgemein als Fehler herausstellen sollte.

Am 25. Juli 1955 bestellte die US Navy zwei Prototypen. Der Bau schritt zügig voran, und so konnte Testpilot John Konrad am 2. Juni 1958 auf der Edwards Air Force Base mit dem neuen Hoffnungsträger von Vought erstmals abheben. Die zweite Maschine folgte am 27. September des gleichen Jahres. Die Erprobung verlief relativ reibungslos. Allerdings begrenzten das Temperaturlimits des in der Frontverglasung verwendeten Acryl-Werkstoffes die Höchstgeschwindigkeit auf Mach 2.39, ansonsten hätte die Crusader III womöglich die Mach-3-Marke knacken können. Um die ohnehin schon rasante Leistung zu verbessern – schon jetzt konnte die F8U-3 in unter vier Minuten in einer Höhe von 10 670 Metern von Mach 0.98 auf Mach 2.2 beschleunigen – sahen die Ingenieure sogar noch den Einbau eines zusätzlichen Raketenmotors im Heck mit einem Schub von 35,59 Kilonewton und einer Brenndauer von bis zu sieben Minuten vor.

Typ	Abfangjäger
Erstflug	2. Juni 1958
Produktion	drei Exemplare
Verbleib	verschrottet
Besatzung	1
Antrieb	1 Pratt & Whitney J75-P-6 mit 129 kN Schub
Länge	19,3 m
Spannweite	11,86 m
Höhe	4,98 m
Leermasse	9903 kg
Max. Startmasse	11 818 kg
Höchstgeschwindigkeit	Mach 2.39
Reichweite	3289 km
Bewaffnung	sieben Flugkörper

Aufgrund der vielversprechenden Leistungen hatte die US Navy bereits weitere Prototypen und Vorserienmaschinen bestellt. Jetzt kam es im Wettbewerb um den Serienauftrag nur noch auf die Ergebnisse der Vergleichsfliegen gegen die McDonnell F4H Phantom an. Die Crusader III war schneller, wendiger und hatte ein besseres Schub-Gewichts-Verhältnis, so dass die Phantom im Luftkampf auf kurze Distanz kaum einen Blumentopf gewinnen konnte. Dafür war die Arbeitsbelastung des Piloten bei der Bedienung des Feuerleitsystems deutlich höher. Hier punktete die F4H mit ihrer zweiköpfigen Besatzung und trug schließlich auch aufgrund ihrer Mehrzweckfähigkeit den Sieg davon. Nach dem resultierenden Programmende kamen die drei fertiggestellten F8U-3 für Hochgeschwindigkeitstests zur NASA, wo sie leider Anfang der 60er Jahre außer Dienst gingen und verschrottet wurden. ◂

USA

Vought V-173 und XF5U

Die „fliegenden Pfannkuchen" sollten fast aus dem Stand starten und trotzdem im Flug hohe Geschwindigkeiten erreichen können. Doch das Konzept hatte seine Tücken.

Schon früh in seiner Karriere hatte sich Charles Zimmerman mit der Idee kreisförmiger Flugzeuge beschäftigt. Da sein damaliger Arbeitgeber, der NASA-Vorläufer NACA (National Advisory Committee for Aeronautics), mit dem Konzept nichts anfangen konnte, verfolgte er es in seiner Freizeit. Er baute sogar mehrere Modelle, mit denen er die Aufmerksamkeit von Vought erregte. Schließlich wechselte er zu dem Flugzeugbauer und machte sich im Auftrag der US Navy an die Entwicklung eines Prototyps. Die V-173 bestand aus einer runden Tragfläche und verfügte über kleine Leitwerksflächen am Heck. Die zwei Motoren waren im Inneren der Tragfläche installiert und trieben die großen, vorgelagerten Propeller über ein spezielles Getriebe an. Das hochbeinige Fahrwerk ließ sich nicht einziehen. Aufgrund des hohen Anstellwinkels – 22 Grad am Boden – war die Unterseite des Bugs verglast, damit der Pilot bei der Landung eine bessere Sicht hatte. Im Herbst 1942 ging Zimmermans Traum endlich in Erfüllung: Sein Kreisflügler flog – und wie! Entsprechenden Gegenwind vorausgesetzt hob die V-173 fast aus dem Stand ab. Aufgrund ihrer Holzbauweise mit Stoffbespannung war sie natürlich auch extrem leicht. Nach anfänglichen Problemen mit hohen Steuerkräften und Vibrationen im Cockpit zeigte die weitere Erprobung die Vorzüge des Konzepts. Egal was die Piloten auch taten, einen kompletten Strömungsabriss konnten sie nicht produzieren. Dafür legten sie einige Bruchlandungen hin, die aber meist glimpflich ausgingen.

Schon bevor der „fliegende Pfannkuchen" in die Luft ging hatte die Navy eine Ausführung als Jäger in Auftrag gegeben. Vought sollte zwei Maschinen bauen, eine für Flugtests und eine für statische Versuche. Das XF5U-1 genannte Muster ähnelte der V-173 in der generellen Auslegung, bestand aber aus Metall und besaß zwei starke Sternmotoren. Die geplanten Leistungsdaten waren nicht nur für die damalige Zeit beeindruckend: der Geschwindigkeitsbereich lag zwischen 30 und 740 km/h, und das bei einer Reichweite von 1600 Kilometern. Problematisch erwiesen sich jedoch die Luftschrauben und ihr Getriebe. Die Admiräle hatten – aus heutiger Sicht wohl berechtigte – Zweifel, ob sich diese Schwierigkeiten lösen ließen. Außerdem war der Siegeszug der Strahlflugzeuge nicht mehr aufzuhalten, und

das Programm lag zeitlich und preislich weit über den Vorgaben. Am 17. März 1947 ordnete die Marine die Einstellung des Programms und die Verschrottung der XF5U-1 an – noch vor ihrem Erstflug. Die stabile Struktur machte den Einsatz einer Abrissbirne nötig, ein unrühmliches Ende für eine bemerkenswerte Konstruktion. ◂

Typ	Versuchsflugzeug (Jäger)
	(Daten für XF5U-1 in Klammern)
Erstflug	23. November 1942 (-)
Produktion	je ein Exemplar (plus statische Testzelle der XF5U)
Verbleib	Frontiers of Flight Museum, Dallas (verschrottet)
Besatzung	1
Antrieb	zwei Continental A-80 mit je 60 kW (zwei Pratt & Whitney R-2000-2 mit je 1007 kW)
Länge	8,13 m (8,72 m)
Spannweite	7,1 m (9,90 m)
Höhe	4,51 m (4,5 m)
Max. Startmasse	1360 kg (7628 kg)
Höchstgeschwindigkeit	222 km/h (775 km/h geschätzt)
Bewaffnung	– (geplant sechs 12,7 mm-MGs oder vier 20 mm-Kanonen plus Außenlasten an zwei Stationen)

USA

Vought XC-142

Wie viele andere Projekte seiner Ära schaffte es der erste Senkrechtstart-Transporter mit seinem kippbaren Flügel nicht zur Serienreife.

Anfang der 60er Jahren taten sich die drei ansonsten oft rivalisierenden US-Teilstreitkräfte zusammen, um den Grundstein für die Entwicklung eines Senkrechtstart-Transporters zu legen. Der entsprechende Auftrag für den Bau von fünf Prototypen ging an Vought. Das Unternehmen hatte dazu Hiller und Ryan an Bord geholt, die auf diesem Gebiet schon einige Erfahrung vorzuweisen hatten. Die resultierende XC-142A sah auf den ersten Blick recht konventionell aus: Sie besaß einen kastenförmigen Rumpf und vier Turboprops unter der Tragfläche. Der Clou war aber, dass sich der gesamte Flügel um bis zu 100 Grad kippen ließ und so die Propeller quasi wie bei einem Hubschrauber zu Rotoren wurden. Einen kleinen Hinweis darauf gab der kleine, horizontal montierte Rotor am Heck, der im VTOL-Modus zur Steuerung des Anstellwinkels diente. Alle Triebwerke waren über eine gemeinsame Welle miteinander verbunden, um im Fall eines Ausfalls für eine weiterhin stabile Fluglage zu sorgen. Der konventionelle Jungfernflug erfolgte am 29. September 1964, gefolgt vom ersten Schwebeflug am 29. Dezember 1964. Die erste Transition schaffte die Testcrew am 11. Januar 1965. Probleme bereitete allerdings die komplexe Welle, die bei voller Leistung mit 8196 Umdrehungen pro Minute lief. Trotzdem fanden noch Versuche auf dem Flugzeugträger USS Bennington statt. Am 10. Mai 1967 stürzte die erste XC-142A aufgrund eines Schadens an der Welle zum Heckrotor ab, die dreiköpfige Besatzung kam ums Leben. Mittlerweile hatten die Streitkräfte die Pläne für eine Serienfertigung aufgegeben und übergaben das letzte vorhandene Exemplar an die NASA. Hier flog der Kippflügler noch bis 1970.

Typ	Versuchs-Senkrechtstarter
Erstflug	29. September 1964
Produktion	fünf Exemplare
Verbleib	nur eine Maschine erhalten im Nat. Museum of the United States Air Force, Dayton
Besatzung	2–3
Antrieb	vier General Electric T64-GE-1 mit je 2130 kW Leistung
Länge	17,7 m
Spannweite	20,57 m
Höhe	7,95 m
Leermasse	10 249 kg
Max. Startmasse	20 185 kg
Höchstgeschwindigkeit	694 km/h
Reichweite	760 km

Westland Westminster

Mit ihrem nackten Rumpfgerüst wirkte der Hubschrauber wie eine fliegende Schnittzeichnung. Trotz Schützenhilfe aus den USA blieb er erfolglos.

In den 50er Jahren wollte Westland seine Helikopter-Erfahrung in ein deutlich größeres Muster ummünzen, das sowohl als fliegender Kran als auch als Transporter für bis zu 40 Passagiere dienen sollte. Die Grundlage bildete das komplette Rotorsystem der S-56 Mojave aus den USA, für das die Briten die entsprechende Lizenz von Sikorsky erworben hatten. Allerdings zeigten sich die einheimischen Beamten wenig beeindruckt, und so entschloss sich die Firmenführung, das Programm mit eigenen Mitteln durchzuführen. Der Rumpf bestand aus einem Stahlrohrgerüst, das man zunächst nicht verkleidete. Um Kosten zu sparen kamen wo immer möglich Komponenten anderer Typen zum Einsatz. Schließlich schaffte es Westland, zwei Prototypen zu bauen und zu erproben, aber das Programm war den Militärs ein Dorn im Auge: Sie befürchteten eine Beeinträchtigung des für sie wichtigeren Wessex-Programms, dem neuen Bordhubschrauber der Royal Navy. Zu allem Unglück musste Westland im Rahmen der Konsolidierung der britischen Luftfahrtindustrie die Drehflügler-Aktivitäten von Bristol, Fairey und Saunders-Roe übernehmen. Damit waren weder Platz noch Kapazitäten für die Westminster frei. Das Programm endete im September 1960, und um Zollgebühren zu sparen baute man die Rotorkomponenten aus und schickte sie zurück in die USA. Der Rest wanderte auf den Schrott. ◄

Typ	Transporthubschrauber
Erstflug	15. Juni 1958
Produktion	zwei Exemplare
Verbleib	verschrottet
Besatzung	2
Antrieb	zwei Napier Eland E220 mit je kW 2180 Leistung
Länge	27,36 m
Rotordurchmesser	21,95 m
Höhe	6,43 m
Leermasse	9637 kg
Startmasse	14 969 kg
Höchstgeschwindigkeit	249 km/h
Reichweite	190 km (geschätzt)

Witteman-Lewis XNBL-1

Der Bomber war lange Zeit das größte Flugzeug der USA, erwies sich aber als viel zu übergewichtig.

Mit seinen drei Tragflächen und dem zylindrischen Rumpf ähnelte die amerikanische XNBL-1 der britischen Tarrant Tabour, und die Verwandtschaft kam nicht von ungefähr: der Entwurf stammte nämlich vom selben Ingenieur, dem Briten Walter Barling. Im Gegensatz zu seinem Erstlingswerk konnte der US-Bomber ohne Unfall im Flug erprobt werden. Allerdings sorgte er mit massiven Kostensteigerungen letztendlich für den Konkurs seines Herstellers, der die Mehraufwendungen tragen musste. Das Projekt entstand aufgrund der Initiative von General William Mitchell, der die strategische Bedeutung von Luftstreitkräften für den US Army Air Service unter Beweis stellen wollte. Hier sollte mit der XNBL-1 ein Bomber entstehen, der in der Lage war, aus der Luft ein Schlachtschiff zu versenken. Dazu erhielt das Muster als einer der ersten Typen überhaupt einen Waffenschacht mit verschließbaren Luken. Dieser bot auch Platz für die eigens entwickelte 1800-Kilogramm-Bombe. Von 1923 bis 1926 absolvierte die Maschine mehrere Flüge, aber auch hier waren die sechs Motoren zu schwach, um den enormen Luftwiderstand der drei Flügel samt ihrer komplexen Verspannung zu kompensieren. Daher blieb es bei einem sündhaft teuren Einzelstück, das aber den Weg für spätere Muster wie der B-17 Flying Fortress bei den US-Streitkräften ebnete. ◂

Typ	schwerer Bomber
Erstflug	22. August 1923
Produktion	ein Exemplar
Verbleib	verschrottet
Besatzung	7
Antrieb	sechs Liberty L-12A mit je 313 kW Leistung
Länge	19,81 m
Spannweite	36,58 m
Höhe	8,23 m
Leermasse	12 307 kg
Startmasse	19 309 kg
Höchstgeschwindigkeit	155 km/h
Reichweite	274 km
Bewaffnung	sieben 7,62 mm-MGs plus bis zu 2300 kg Bombenlast

Zerbe Multiplanes

USA

Im hohen Alter versuchte ein amerikanischer Professor sein Glück mit Flugmaschinen, leider vergebens.

Getreu dem Motto „Viel hilft viel" schien James Slough Zerbe seine Flugzeugprojekte anzugehen. Der Professor verpasste ihnen einfach so viele Tragflächen wie möglich. Höhepunkt war das Sextuplane aus dem Jahr 1908 mit sage und schreibe sechs hintereinander und übereinander gestaffelten Flügeln. Allerdings existieren keine Aufzeichnungen, ob das Ungetüm sich jemals in die Luft erhoben hat. Der nächste Versuch sollte sogar Passagiere transportieren. Der Zerbe Air Sedan besaß eine geschlossene Kabine hinter einem französischen Umlaufmotor aus dem Ersten Weltkrieg. An einem Gerüst waren vier kleine Tragflächen hintereinander gestaffelt angebracht. Im Jahr 1921 sollte das ziemlich unfliegbar aussehende Gefährt in Fayetteville, Arkansas, tatsächlich abheben, allerdings nur 300 Meter weit. Über die Flughöhe gibt es unterschiedliche Angaben: entweder waren es 15 Meter oder 15 Zentimeter. Das Ende ist jedoch eindeutig: Bruchlandung. Zerbe soll das Scheitern wohl nicht mehr miterlebt haben, da er zwei Monate vor dem Flug für eine Operation nach New York reiste und dort verstorben sein soll. Leider sind nur wenige Details über seine Konstruktionen erhalten geblieben. ◂

Typ	Verkehrsflugzeug (Zerbe Air Sedan)
Erstflug	22. April 1921
Produktion	ein Exemplar
Verbleib	zerstört
Besatzung	1 plus fünf Passagiere
Antrieb	ein französischer Umlauf-Motor Le Rhône mit 81 kW Leistung
Leermasse	385 kg
Max. Startmasse	761 kg
Höchstgeschwindigkeit	160 km/h